# SCHRIFTENREIHE FÜR GEOLOGISCHE WISSENSCHAFTEN

# HEFT 13

HERAUSGEGEBEN VOM VORSTAND DER GESELLSCHAFT
FÜR GEOLOGISCHE WISSENSCHAFTEN DER DDR (GGW)

MIT DER HERAUSGABE BEAUFTRAGT PROF. DR. SC. NAT. R. LAUTERBACH
(KARL-MARX-UNIVERSITÄT, LEIPZIG)

HANNELORE PETER, WOLFEN

## Die Florenentwicklung — pflanzengeographische Differenzierung — im Zeitraum des Jura

Mit 22 Abbildungen und 3 Tabellen

AKADEMIE-VERLAG · BERLIN

Schriftenr. geol. Wiss. · Berlin 13 (1979) · S. 1—84

Die „Schriftenreihe für Geologische Wissenschaften“ erscheint in Ergänzung zur „Zeitschrift für Geologische Wissenschaften“.

Die Hefte werden in zwangloser Folge herausgegeben und jeweils einem Themenkomplex gewidmet. In ihnen können sowohl umfangreichere Einzelarbeiten als auch Arbeiten mehrerer Autoren zu vielseitig interessierenden Themen veröffentlicht werden. So ergänzen sich beide Publikationsorgane sinnvoll.

Die Themen und Reihenfolge der Hefte der Schriftenreihe werden von Verlag und Herausgeber festgelegt.

Herausgeber ist der Vorstand der Gesellschaft für Geologische Wissenschaften der DDR (GGW)

— Vorsitzender der GGW: Prof. Dr. sc. nat. Rudolf Daber, Museum für Naturkunde an der Humboldt-Universität zu Berlin, DDR - 104 Berlin, Invalidenstraße 43

— Wissenschaftlicher Sekretär der GGW: Dipl.-Min. Joachim Lamprecht

— Das Sekretariat der Gesellschaft für Geologische Wissenschaften der DDR hat seinen Sitz in DDR - 104 Berlin, Invalidenstraße 43, Fernsprecher 2826490/2826460

— Mit der Herausgabe beauftragt: Prof. Dr. sc. nat. Robert Lauterbach, Karl-Marx-Universität Leipzig, DDR - 701 Leipzig, Talstraße 35

Redaktion der Schriftenreihe für Geologische Wissenschaften: DDR - 1055 Berlin, Dimitroffstraße 171, Fernsprecher 4365441

Redaktionelle Betreuung der Schriftenreihe: Dipl.-Geol. Erika Bielefeldt und Dipl.-Geol. Irmgard Fuhrmann

Manuskripte und Korrespondenz erbeten an die Anschrift der Redaktion

Redaktionsschluß: 24. November 1977

Erschienen im Akademie-Verlag, DDR - 108 Berlin, Leipziger Straße 3—4

Lizenznummer: 202 · 100/478/79
P 28/78
Gesamtherstellung: VEB Druckhaus „Maxim Gorki“, 74 Altenburg
Bestellnummer: 7626529 (2170/13) · LSV 1475
Printed in GDR
DDR 18,— M

# INHALT

## 1. EINLEITUNG

Einen wesentlichen Schwerpunkt der paläontologischen Forschung bildet die Klärung entwicklungsgeschichtlicher Zusammenhänge und des Verlaufs der Evolution. Es gehört zu den Aufgaben dieser naturwissenschaftlichen Richtung, die dialektischen Wechselbeziehungen zwischen den Lebewesen der Vorzeit und ihrer Umwelt aufzudecken und ein lebensgeschichtliches Gesamtbild der geologischen Perioden zu entwerfen.

Auf Grund seiner Bedeutsamkeit in geologischer wie in entwicklungsgeschichtlicher Hinsicht wurde der Zeitraum des Jura zum Gegenstand der hier vorgelegten Untersuchung gewählt. Die Veränderungen von Gestalt und Lage der Festlandsgebiete innerhalb dieser Periode stehen im Mittelpunkt des Interesses der Epeirophorese-Forschung, die zumindest die Aufspaltung des Gondwana-Kontinentalblocks während dieser Zeit annimmt. Obwohl die Gymnospermen das Bild der Vegetation jener Zeit bestimmten, sind die Vorläufer der Angiospermen-Entwicklung in der Jura-Flora zu erwarten.

Es ist anzunehmen, daß die ausgangs des Jura entstandenen Bedingungen den Anstoß zur Evolution der Blütenpflanzen gegeben haben.

In dieser Abhandlung nun liegt der Schwerpunkt auf der Darstellung der pflanzengeographischen Verhältnisse. Die Evolution vollzog und vollzieht sich in der Auseinandersetzung der Lebewesen mit ihrer Umwelt. Zur realen Erfassung der Umweltsituation für die Landpflanzen des Jura wurden auf der Basis der in der Literatur enthaltenen Angaben unter Einbeziehung moderner Vorstellungen paläogeographische Karten der Festlandsverteilung erarbeitet.[1])

Auf ihnen als Grundlage sollen die Entwicklung und Differenzierung der Jura-Floren in ihrer Abhängigkeit von den paläogeographischen und paläoklimatologischen Voraussetzungen abgeleitet werden.

Dabei ist die Frage der vorwiegend von Halle und Seward postulierten Einheitlichkeit der Jura-Floren aus räumlicher und zeitlicher Sicht zu behandeln.

Es sind Rückschlüsse auf eine mögliche Klimazonierung und die Lage des Äquators zu ziehen. Fraglich ist ferner, ob und in welcher Form ökologische Unterschiede bereits im Jura zur Ausbildung verschiedener Pflanzengesellschaften führten. Weiterhin wird untersucht, inwieweit die pflanzengeographischen Aussagen mit den Forschungsergebnissen des Paläomagnetismus und den Epeirophorese-Theorien übereinstimmen. Damit in engem Zusammenhang steht die Frage nach einer möglichen Sonderstellung der Floren von Gondwana, also der floristischen Unterschiede zwischen Nord- und Südhemisphäre während des Jura.

Bei der Auswertung der fossilen Floren muß man sich der Lückenhaftigkeit der Funde und des geringen Prozentsatzes der überlieferten Zeugnisse vom ursprünglichen Gesamtbestand der Vegetation bewußt sein. Es soll dennoch versucht werden, aus dem vorhandenen Material eine Einschätzung der Vegetationsverhältnisse zu geben. Das gewonnene Bild wird sicher durch spätere Funde und weitere Forschung revidiert oder vervollständigt werden.

Eine andere methodische Schwierigkeit ergibt sich daraus, daß die Entwicklung der Pflanzendecke im Jura — v. Bülow (1953) spricht z. B. nur von einem Pflanzenschleier — und damit Wasserhaushalt und Bodenbildung ihren heutigen Stand noch nicht erreicht hatten. Es verbietet sich deshalb, die uns geläufigen und aus der uns umgebenden Gestalt der Natur abgeleiteten Vorstellungen uneingeschränkt in die geologische Vorzeit zu übertragen. Je weiter man sich in der geologischen Zeitrechnung vom Heute entfernt, desto stärker unterscheiden sich die Bedingungen, unter denen die Naturgesetze wirkten, von denen der Jetztzeit, desto eingeschränkter sollte die aktualistische Betrachtungsweise angewendet werden.

## 2. ARBEITEN ZU PFLANZENGEOGRAPHISCHEN FRAGEN IN DER PALÄOBOTANIK

Nach den anfangs rein beschreibenden, später systematisierenden Arbeiten in der Paläobotanik rückten in neuerer Zeit entwicklungsgeschichtliche Probleme immer mehr in den Vordergrund des Interesses. Eng verbunden mit dieser Thematik sind paläophyto-

[1]) Die Begründung für die in den paläogeographischen Karten dargestellte Land-Meer-Verteilung und das Verzeichnis der zu ihrer Erarbeitung benutzten Literatur sowie Betrachtungen zur Klimasituation des Jura finden sich unter gleichem Titel in der Dissertation der Verfasserin, Humboldt-Universität zu Berlin, 1973.

geographische Fragen. Sie wurden bereits von etlichen Autoren behandelt und finden verstärkt Eingang in die paläobotanische Literatur.

Zu den bedeutendsten Veröffentlichungen auf diesem Gebiet gehören wohl die Abgrenzung der Florenreiche des Karbons durch GOTHAN (1951) und die pflanzengeographische Bearbeitung der Coniferen durch FLORIN (1963). In seinem Buch „Plant life through the ages" stellte SEWARD (1933) die damals bekannten Floren des Jura in einer Karte zusammen. Die vorwiegend von ihm und von HALLE auf Grund der Entdeckungen der arktischen sowie besonders der antarktischen Pflanzen und der morphologischen Ähnlichkeit vieler jurassischer Gewächse vertretene Auffassung von der Einheitlichkeit der Jura-Floren fand Eingang in zahlreiche paläobotanische Arbeiten und Lehrbücher. Trotz der Revision der Graham Land-Flora, die ein anderes Bild ergab, sowie verschiedener, den modernen Kenntnisstand berücksichtigender Arbeiten, hauptsächlich sowjetischer Autoren, scheint diese Lehrmeinung bis heute noch nicht völlig überwunden. Demgegenüber stellten PRYNADA (1941), KRYŠTOFOVIČ (1939) und vor allem VACHRAMEEV (1957, 1962) für Eurasien das Vorhandensein von zwei deutlich unterscheidbaren pflanzengeographischen Gebieten im Jura Eurasiens fest. Trotz vorhandener Übergangserscheinungen kann eine Grenze zwischen einer indoeuropäischen und einer sibirischen Region gezogen werden. Sie verlief im unteren und mittleren Jura durch den nördlichen Teil Skandinaviens, das mittlere Wolgagebiet, südlich des Ural und des Balchasch-Sees, durch die Mongolei nach Nordchina und den nördlichen Teil Japans. Im oberen Jura verschob sich diese Trennlinie etwas weiter nach Norden. Innerhalb der indoeuropäischen Region unterscheidet VACHRAMEEV (1962) eine europäische, eine mittelasiatische, eine ostasiatische und eine indische Provinz, die jeweils durch spezifische Besonderheiten gekennzeichnet sind. Im Malm werden in der sibirischen Region eine Lena- und eine Amurprovinz abgegrenzt, während in der indoeuropäischen Region auf Grund der allgemeinen Armut an Floren nur die indische Provinz bestehen bleibt.

In verschiedenen Arbeiten über einzelne Floren oder Verwandtschaftskreise sind ebenfalls paläogeographische Probleme berührt worden. So stellt zum Beispiel TRALAU (1968a) die Verbreitung von *Coniopteris hymenophylloides*, in einer anderen Arbeit die einiger *Ginkgo*-Arten zu verschiedenen Zeiten dar (TRALAU 1968b). BOLCHOVITINA (1966) beschäftigte sich mit dem Vorkommen der Gleicheniacea, FULFORD (1951) mit den fossilen Moosen.

Die wertvollsten Hinweise könnten jedoch manchen palynologischen Arbeiten entnommen werden, wenn über die Zugehörigkeit der Mikrofossilien zu den verschiedenen Taxa größere Klarheit bestünde.

Eine weltumfassende, dem heutigen Kenntnisstand entsprechende pflanzengeographische Darstellung ist für die Jura-Floren in der paläobotanischen Literatur bislang nicht veröffentlicht worden.

## 3. METHODIK UND DARSTELLUNGSWEISE

Im folgenden sollen die Floren des Jura aus pflanzengeographischer Sicht betrachtet werden. Es wird versucht, durch Vergleich der gattungs- und artenmäßigen Zusammensetzung sowie aus dem meist aus den Abbildungen ersichtlichen Habitus der Pflanzen den Charakter der jeweiligen Flora zu ermitteln und dabei die Standortverhältnisse entsprechend den paläogeographischen Gegebenheiten einzubeziehen. Einen Ausgangspunkt für diese Betrachtungen bilden die Arbeiten VACHRAMEEVS (1962, 1965) sowie seine Artenzusammenstellungen für die wesentlichen Floren des eurasiatischen Raums (1964). Darüber hinaus wurden die in der erreichbaren Literatur der ganzen Welt enthaltenen Florenbeschreibungen und Artenlisten sowie Angaben über einzelne Familien, Gattungen und Arten einschließlich deren Besonderheiten herangezogen. Nach Möglich-

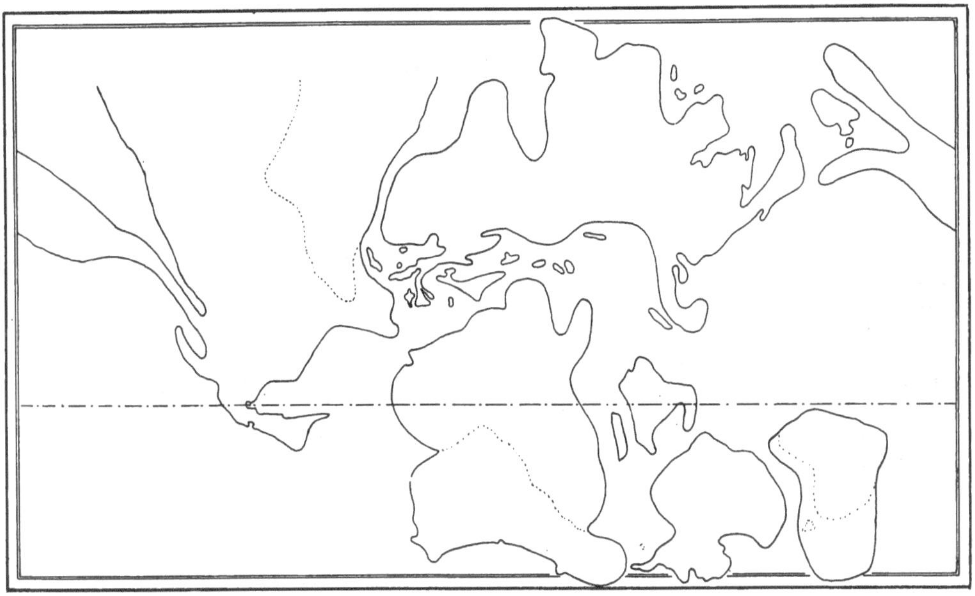

Abb. 1. Rekonstruktion der Lage der Kontinente im Jura

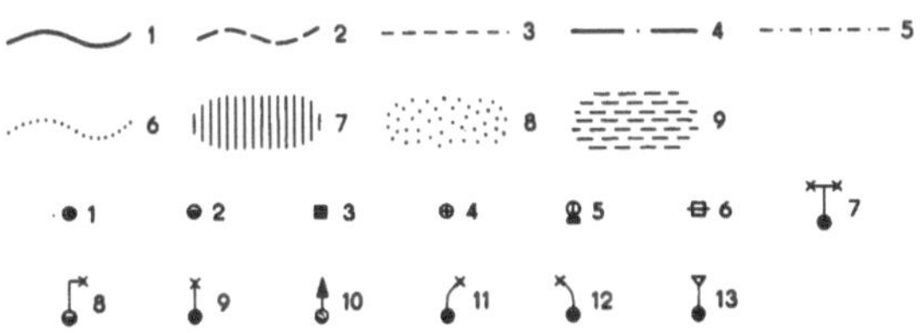


Linien und Flächenelemente: 1 – beschriebene Küstenlinien, Begrenzung der Kontinente: in der rezenten Darstellung und in der Rekonstruktion; 2 – fragliche Grenzen zwischen Land und Meer bzw. unterschiedliche Beschreibung verschiedener Autoren; 3 – Wendekreis in der rezenten Darstellung; 4 – für den Jura angenommener Verlauf des Äquators; 5 – Grenzlinie zwischen der indoeuropäischen und der sibirischen Region nach VACHRAMEEV; 6 – vermutliche innere Abgrenzungen der Kontinente in der Rekonstruktion; 7 – höher gelegene Gebiete; 8 – Ästuarinbildungen, Schüttungen; 9 – „Llanuras" Flächen wechselnder Meeresbedeckung

Symbole in den Karten und Tabellen: 1 – europäische Floren; 2 – mittelasiatische Floren; 3 – sibirische Floren; 4 – ostasiatische Floren; 5 – nord- und mittelamerikanische Floren; 6 – Gondwana-Floren; 7 – *Swedenborgia* sp.; 8 – *Cheirolepis* sp.; 9 – *Brachyphyllum* sp.; 10 – *Pityophyllum* sp.; 11 – *Sagenopteris phillipsi*; 12 – *Sagenopteris* al. sp.; 13 – *Ptilophyllum* sp.

keit wurden neuere Titel ausgewertet, in manchen Fällen mußten jedoch, teils aus Mangel an solchen, teils wegen der Unzugänglichkeit der Schriften, ältere Angaben benutzt werden.

Die Betrachtung erfolgt auf der Grundlage der von den zitierten Autoren angegebenen Gattungen bzw. Arten pflanzlicher Großreste. Die pollen- und sporenanalytischen Zusammenstellungen mußten im wesentlichen unberücksichtigt bleiben. Um Unrichtigkeiten, die sich durch Bestimmungsfehler ergeben könnten, möglichst zu vermeiden, wurde von mehreren Bearbeitungen einer Flora jeweils die jüngste ausgewertet oder auf den namhaftesten Autor zurückgegriffen.

In die paläogeographischen Karten der einzelnen Jura-Abteilungen wurden die Floren entsprechend ihrer Altersstellung eingetragen. Die Florenfundorte wurden nach ihrer geographischen

Lage zu Teilgebieten zusammengefaßt, die in Eurasien den von Vachrameev aufgestellten Regionen und Provinzen entsprechen. Für jedes Teilgebiet wird eine bestimmte Signatur benutzt. Die von Vachrameev angegebene Grenze zwischen der indoeuropäischen und der sibirischen Region ist in den Karten gekennzeichnet.

Die Floren jedes Jura-Abschnitts sind durchnumeriert. Für Lias, Dogger und Malm werden je eine Artenliste (Tab. 1—3) beigefügt, aus der die Verbreitung von jeweils 60 Gattungen zu ersehen ist. Es wurde versucht, die Floren in den Artenlisten entsprechend ihrer geographischen Lage anzuordnen. Die Flora-Nummern sind im Text, in den Abbildungen und in den Tabellen gleichlautend. Darüber hinaus werden zur leichteren Übersicht die Signaturen der Teilgebiete in den Abbildungen zur Kennzeichnung der Pflanzenvorkommen in den Tabellen benutzt.

Auf Grund der verwendeten Projektion konnte die Antarktis in den paläogeographischen Karten nicht erfaßt werden. Ihre Floren erscheinen jeweils als letzte Nummern in den Artenlisten.

Im Text ist der Behandlung der Floren jedes Teilgebiets eine Übersicht vorangestellt, die die Florennummer, die Bezeichnung des Fundortes, Hinweise auf die Altersstellung innerhalb der Abteilung, soweit sie zu ermitteln waren, und den Autor, in dessen Veröffentlichung die hier angegebenen Arten genannt werden, enthält.

Für einige Gattungen wurden Verbreitungskarten auf der Grundlage der paläogeographischen Darstellungen angefertigt (Abb. 14—22).

# 4. DIE FLOREN

## 4.1. Zur Vegetation des Jura

Die Jura-Flora setzte sich hauptsächlich aus Angehörigen der Klassen Equisetinae, Filicinae, Cycadinae, Bennettitinae, Ginkgoinae und Coniferae zusammen, daneben spielten Pteridospermae und Caytoniales eine Rolle, Hepaticae und Lycopodiinae kamen vor. Einige Familien und Gattungen waren im Jura besonders reich entwickelt. Unter den Filicinae sind hier vor allem die Dipteridaceae mit den Gattungen *Clathropteris* und *Hausmannia* und die Matoniaceae mit *Phlebopteris* zu nennen sowie die zu den Osmundaceae gestellten Gattungen *Cladophlebis* und *Todites*. Von den Cyatheaceae ist die Sammelgattung *Coniopteris* mit vielen Arten weit verbreitet gewesen.

Die Cycadophyta mit den auf Grund ihres Spaltöffnungsbaus zu unterscheidenden Bennettitales und Cycadales entwickelten innerhalb der Gattungen *Pterophyllum, Otozamites, Zamites, Anomozamites, Taeniopteris, Ptilophyllum, Ctenis* und anderen eine enorme Artenvielfalt. Besonders hervorzuheben sind die Reproduktionsorgane der Bennettitales mit den Formen *Williamsonia, Williamsoniella* und *Weltrichia*. Auch die Nilssoniales, die innerhalb der Cycadophyta einen recht selbständigen Typus darstellten, waren im Jura mit großer Artenmannigfaltigkeit weit verbreitet. Bei den Ginkgophyten waren es vorwiegend die Gattungen *Baiera* und *Ginkgoites* sowie *Czekanowskia* und *Phoenicopsis*, unter den Coniferae die Gattungen *Pagiophyllum, Brachyphyllum, Elatocladus, Araucarites* und vor allem *Pityophyllum*, die das Bild der Jura-Flora prägten. Außerordentlich weit verbreitet und artenreich entwickelt waren die den Coniferae nahestehenden Podozamiten.

Zu den charakteristischsten Pflanzen des Jura gehören die Caytoniales mit den Gattungen *Caytonia, Gristhorpia* und insbesondere *Sagenopteris*. Zu diesem Verwandtschaftskreis stellen Gothan & Weyland (1964) noch *Thinnfeldia, Dicroidium, Pachypteris* und ähnliche Formen, die von anderen Autoren, wie Mägdefrau (1968) als Pteridospermen oder bei Vachrameev (1964) als Cycadofilices bezeichnet werden.

Wenn auch der Übergang von der Keuper- zur Jura-Flora nur allmählich erfolgte und sich viele ältere Gattungen noch längere Zeit behaupteten, so wird der Jura insgesamt doch durch eine Anzahl recht charakteristischer Vertreter deutlich gekennzeichnet.

Da eine artenmäßige Aufstellung sämtlicher Pflanzen des Jura der Welt unmöglich war, mußte für die Artenlisten eine Auswahl getroffen werden. Es wurde angestrebt, Vertreter aller in systematischer Hinsicht im Jura wesentlichen Ordnungen zu erfassen und sowohl kosmopolitisch verbreitet erscheinende als auch in örtlich begrenzteren Gebieten auftretende Arten einzubeziehen. Der Ablösung einiger Arten durch andere und dem Verschwinden mancher Gattung im Verlauf des Jura wird in den Listen Rechnung getragen.

Die in den einzelnen Abteilungen verfolgten und in die Artenlisten aufgenommenen Gattungen und Arten sind im folgenden zusammengestellt. Dabei wurde versucht, die systematische Zugehörigkeit der Formgenera mit anzugeben.

## Liste der erfaßten Gattungen und Arten — Lias

| | | |
|---|---|---|
| Bryophyta | | Bryophyta genera et species |
| Equisetales | | *Neocalamites* Halle sp.<br>*Equisetites muensteri* Sternberg<br>*Equisetites ferganensis* Seward<br>*Equisetites* Sternberg al. sp. |
| Filicales | Cyatheaceae | *Coniopteris hymenophylloides* (Brongniart) Seward<br>*Coniopteris* Brongniart al. sp. |
| | Osmundaceae | *Cladophlebis denticulata* Brongniart<br>*Cladophlebis haiburnensis* (Lindley & Hutton) Brongniart<br>*Cladophlebis australis* (Morris) Seward<br>*Cladophlebis* Brongniart al. sp. |
| | Dipteridaceae | *Clathropteris meniscoides* Brongniart<br>*Clathropteris obovata* Oishi<br>*Clathropteris* Brongniart al. sp.<br>*Hausmannia* Dunker sp.<br>*Dictyophyllum acutilobum* F. W. Braun<br>*Dictyophyllum* Lindley & Hutton al. sp.<br>*Thaumatopteris schenki* Nathorst<br>*Thaumatopteris brauniana* Poppert<br>*Thaumatopteris* Göppert al. sp. |
| | Matoniaceae | *Phlebopteris muensteri* (Schenk) Hirmer & Hörhammer<br>*Phlebopteris polypodioides* Brongniart<br>*Phlebopteris* Hirmer & Hörhammer al. sp. |
| | Bennetitales | *Williamsonia* Carruthers sp.<br>*Ptilophyllum acutifolium* Feistmantel<br>*Ptilophyllum* Morris al. sp.<br>*Anomozamites* Schimper sp.<br>*Otozamites* F. W. Braun sp.<br>*Pterophyllum* Brongniart sp.<br>*Taeniopteris vittata* Brongniart |
| | Cycadales | *Ctenis* Lindley & Hutton sp.<br>*Taeniopteris* Brongniart al. sp. |
| | Nilssoniales | *Nilssonia polymorpha* Schenk<br>*Nilssonia orientalis* Heer<br>*Nilssonia* Brongniart al. sp. |
| | Caytoniales | *Sagenopteris nilssoniana* (Brongniart) Ward<br>*Sagenopteris phillipsi* (Brongniart) Presl<br>*Sagenopteris* Presl al. sp.<br>*Thinnfeldia rhomboidalis* Ettingshausen<br>*Thinnfeldia* Ettingshausen al. sp.<br>*Dicroidium* Gothan sp. |

| | | |
|---|---|---|
| Conifero-phyta | | *Brachyphyllum mamillare* Brongniart |
| | | *Brachyphyllum* Brongniart al. sp. |
| | | *Pagiophyllum* Heer sp. |
| | Pinaceae | *Pityophyllum nordenskiöldi* (Heer) Nathorst |
| | | *Pityophyllum* Nathorst al. sp. |
| | Podozamitales | *Podozamites lanceolatus* (Lindley & Hutton) F. W. Braun |
| | | *Podozamites angustifolius* (Eichwald) Heer |
| | | *Podozamites* F. W. Braun al. sp. |
| | Ginkgophyta | *Ginkgoites digitata* (Brongniart) Seward |
| | | *Ginkgoites sibirica* (Heer) Seward |
| | | *Gingkoites* Seward al. sp. |
| | | *Baiera muensteriana* Presl |
| | | *Baiera gracilis* Bunbury |
| | | *Baiera* F. Braun al. sp. |
| | | *Czekanowskia rigida* Heer |
| | | *Czekanowskia latifolia* Turutanova-Ketova |
| | | *Czekanowskia* Heer al. sp. |
| | | *Phoenicopsis angustifolia* Heer |
| | | *Phoenicopsis* Heer al. sp. |

## Liste der erfaßten Gattungen und Arten — Dogger

| | | |
|---|---|---|
| Bryophyta | | Bryophyta genera et species |
| | Equisetales | *Neocalamites* Halle sp. |
| | | *Equisetites beanii* (Bunbury) Seward |
| | | *Equisetites ferganensis* Seward |
| | | *Equisetites hallei* Thomas |
| | | *Equisetites* Sternberg al. sp. |
| Filicales | Cyatheaceae | *Coniopteris hymenophylloides* (Brongniart) Seward |
| | | *Coniopteris angustiloba* Brick |
| | | *Coniopteris* Brongniart al. sp. |
| | Osmundaceae | *Cladophlebis denticulata* Brongniart |
| | | *Cladophlebis haiburnensis* (Lindley & Hutton) Brongniart |
| | | *Cladophlebis australis* (Morris) Seward |
| | | *Cladophlebis* Brongniart al. sp. |
| | Dipteridaceae | *Clathropteris* Brongniart als. sp. |
| | | *Hausmannia* Dunker sp. |
| | | *Dictyophyllum rugosum* (Lindley & Hutton) |
| | | *Dictyophyllum* Lindley & Hutton al. sp. |
| | | *Thaumatopteris remauryi* (Zeiller) Oishi |
| | | *Thaumatopteris* Göppert al. sp. |
| | Matoniaceae | *Phlebopteris polypodioides* Brongniart |
| | | *Phlebopteris* Hirmer & Hörhammer al. sp. |
| | Bennettitales | *Williamsonia* Carruthers sp. |
| | | *Ptilophyllum acutifolium* Feistmantel |
| | | *Ptilophyllum pecten* (Phillips) Morris |
| | | *Ptilophyllum* Morris al. sp. |
| | | *Anomozamites minor* Nathorst |
| | | *Anomozamites lindleyanus* Schimper |
| | | *Anomozamites* Schimper al. sp. |
| | | *Otozamites* F. W. Braun sp. |
| | | *Pterophyllum* Brongniart sp. |
| | | *Taeniopteris vittata* Brongniart |

| | | |
|---|---|---|
| Pentoxyleae | | *Taeniopteris spathulata* McClell |
| | Cycadales | *Ctenis* Lindley & Hutton sp. |
| | | *Taeniopteris* Brongniart al. sp. |
| | Nilssoniales | *Nilssonia polymorpha* Schenk |
| | | *Nilssonia orientalis* Heer |
| | | *Nilssonia* Brongniart al. sp. |
| | Caytoniales | *Sagenopteris phillipsi* (Brongniart) Presl |
| | | *Sagenopteris* Presl al. sp. |
| | | *Pachypteris* Brongniart sp. |
| | | *Thinnfeldia rhomboidalis* Ettinghausen |
| | | *Thinnfeldia* Ettingshausen al. sp. |
| | | *Dicroidium* Gothan sp. |
| Conifero-phyta | | *Brachyphyllum mamillare* Brongniart |
| | | *Brachyphyllum* Brongniart al. sp. |
| | | *Pagiophyllum* Heer sp. |
| | Pinaceae | *Pityophyllum nordenskiöldi* (Heer) Nathorst |
| | | *Pityophyllum* Nathorst al. sp. |
| | Podozamitales | *Podozamites lanceolatus* (Lindley & Hutton) F. W. Braun |
| | | *Podozamites angustifolius* (Eichwald) Heer |
| | | *Podozamites* F. W. Braun al. sp. |
| | Gingkophyta | *Ginkgoites digitata* (Brongniart) Seward |
| | | *Ginkgoites sibirica* (Heer) Seward |
| | | *Ginkgoites* Seward al. sp. |
| | | *Baiera gracilis* Bunbury |
| | | *Baiera* F. Braun al. sp. |
| | | *Czekanowskia rigida* Heer |
| | | *Czekanowskia* Heer al. sp. |
| | | *Phoenicopsis angustifolia* Heer |
| | | *Phoenicopsis* Heer al. sp. |

## Liste der erfaßten Gattungen und Arten — Malm

| | | |
|---|---|---|
| Bryophyta | | Bryophyta genera et species |
| | Equisetales | *Equisetites ferganensis* Seward |
| | | *Equisetites* Sternberg al. sp. |
| Filicales | Cyatheaceae | *Coniopteris hymenophylloides* (Brongniart) Seward |
| | | *Coniopteris burejensis* (Zallessky) Seward |
| | | *Coniopteris* Brongniart al. sp. |
| | Osmundaceae | *Cladophlebis denticulata* Brongniart |
| | | *Cladophlebis haiburnensis* (Lindley & Hutton) Brongniart |
| | | *Cladophlebis aldanensis* Vachrameev |
| | | *Cladophlebis australis* (Morris) Seward |
| | Dipteridaceae | *Cladophlebis* Brongniart al. sp. |
| | | *Hausmannia* Dunker sp. |
| | Polypodiaceae | *Onychiopsis* Yokoyama sp. |
| | Matoniaceae | *Phlebopteris* Hirmer & Hörhammer sp. |
| | | *Raphaelia* Debey & Ettingshausen sp. |
| | Gleicheniaceae | *Gleichenia* Smith sp. |
| | | *Gleichenites* Göppert sp. |

| | | |
|---|---|---|
| | Bennettitales | *Williamsonia* Carruthers sp. |
| | | *Ptilophyllum acutifolium* Feistmantel |
| | | *Ptilophyllum pecten* (Phillis) Morris |
| | | *Ptilophyllum* Morris al. sp. |
| | | *Anomozamites* Schimper sp. |
| | | *Otozamites* F. W. Braun sp. |
| | | *Pterophyllum* Brongniart sp. |
| | | *Taeniopteris vittata* Brongniart |
| | | *Heilungia* Prynada sp. |
| | Pentoxyleae | *Taeniopteris spathulata* McClell |
| | Cycadales | *Ctenis* Lindley & Hutton sp. |
| | | *Taeniopteris* Brongniart al. sp. |
| | Nilssoniales | *Nilssonia polymorpha* Schenk |
| | | *Nilssonia orientalis* Heer |
| | | *Nilssonia schaumburgensis* (Dunker) Nathorst |
| | | *Nilssonia* Brongniart al. sp. |
| | Caytoniales | *Sagenopteris phillipsi* (Brongniart) Presl |
| | | *Sagenopteris* Presl al. sp. |
| | | *Pachypteris* Brongniart sp. |
| | | *Thinnfeldia* Ettingshausen al. sp. |
| | | *Dicroidium* Gothan sp. |
| Conifero-phyta | | *Brachyphyllum mamillare* Brongniart |
| | | *Brachyphyllum* Brongniart al. sp. |
| | | *Pagiophyllum* Heer sp. |
| | | *Elatocladus* Halle sp. |
| | Araucariaceae | *Araucarites* Presl sp. |
| | Taxodiaceae | *Athrotaxis* Halle sp. |
| | | *Sciadopitytes* Halle sp. |
| | Cupressaceae | *Palaeocyparis* Saporta sp. |
| | Pinaceae | *Pityophyllum nordenskiöldi* (Heer) Nathorst |
| | | *Pityophyllum* Nathorst al. sp. |
| | Podozamitales | *Podozamites lanceolatus* (Lindley & Hutton) F. W. Braun |
| | | *Podozamites angustifolius* (Eichwald) Heer |
| | | *Podozamites* F. W. Braun al. sp. |
| | Ginkgophyta | *Ginkgoites digitata* (Brongniart) Seward |
| | | *Ginkgoites sibirica* (Heer) Seward |
| | | *Ginkgoites* Seward al. sp. |
| | | *Baiera gracilis* Bunbury |
| | | *Baiera* F. Braun al. sp. |
| | | *Czekanowskia rigida* Heer |
| | | *Czekanowskia* Heer al. sp. |
| | | *Phoenicopsis angustifolia* Heer |
| | | *Phoenicopsis* Heer al. sp. |

## 4.2. Die Floren des Lias

### 4.2.1. Nördliche Hemisphäre

Die Floren der nördlichen Hemisphäre werden von Europa aus nach Osten fortschreitend in folgenden Teilgebieten betrachtet: Das Gebiet des heutigen Europa (in dieses Teilgebiet werden die Flora Ostgrönlands sowie die Floren des vorderasiatischen Raums einbezogen), Mittelasien, Sibirien und Nordchina, Ostasien und Nordamerika. Die

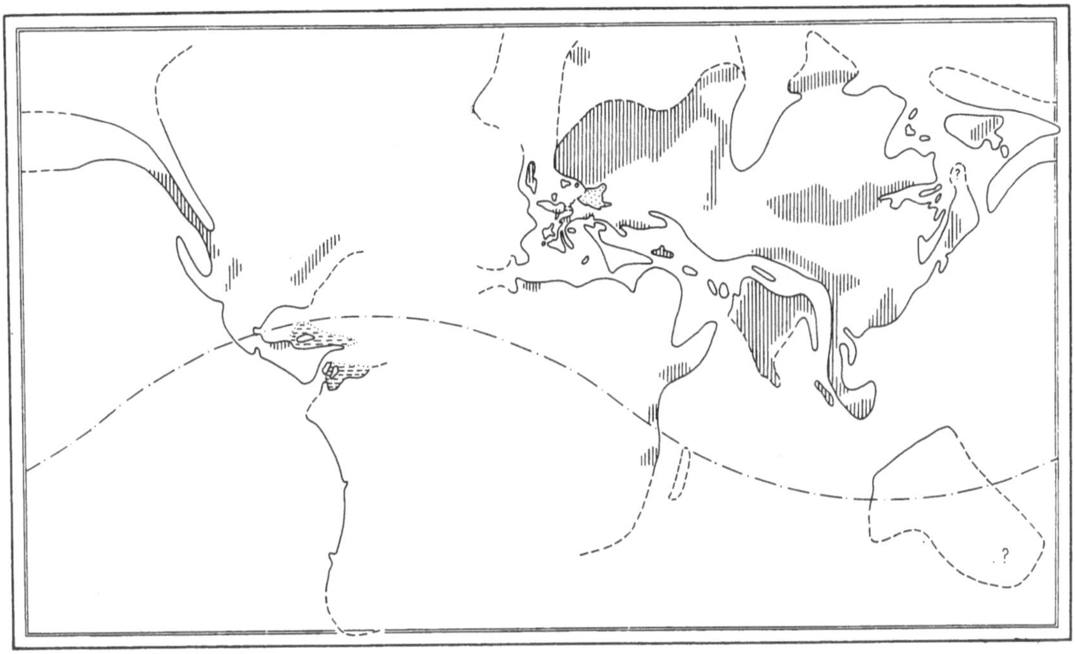

Abb. 2. Paläogeographie des Lias

indischen Jura-Floren werden auf Grund ihrer Zugehörigkeit zum Gondwana-Kontinent innerhalb der dortigen Floren behandelt. Im Anschluß an die eurasiatischen Teilgebiete wird eine kurze Zusammenfassung für diesen Kontinentalblock gegeben.

#### 4.2.1.1. Europa

Wie aus der Übersicht über die europäischen Floren (s. S. 14) ersichtlich, liegt ihre Hauptausbildungszeit — offenbar als Fortsetzung der reichen rätischen Florenentwicklung unter nur geringfügig veränderten Bedingungen — im unteren Lias. In mehreren Fällen finden sich Lias-Floren als obere Horizonte rätischer Fundstellen oder sind Fundgebieten rätischer Floren eng benachbart, wie z. B. in Schonen. Erst seit den Arbeiten GOTHANS (1914, 1935) sind die Floren des untersten Lias gegenüber dem Rät als oberster Keuperstufe gut abzugrenzen. Während Horizonte mit *Lepidopteris ottonis* als Rät anzusehen sind, kennzeichnet die Anwesenheit von *Thaumatopteris schenki* den unteren Lias. Weitere Arten kommen häufig vergesellschaftet mit *Thaumatopteris schenki* im unteren Lias vor. Es sind dies zum Beispiel *Todites princeps*, *Dictyophyllum dunkeri* und *Dictyophyllum nilssoni*, *Thaumatopteris brauniana*, *Phlebopteris angustiloba*, *Baiera muensteriana*, *Ginkgo taeniata*, *Czekanowskia nathorsti*, *Sagenopteris nilssoniana*, *Swedenborgia cryptomerioides* und einige andere.

VACHRAMEEV (1962, 1965) nennt für die europäische Lias-Provinz einige charakteristische Merkmale, wie das fast regelmäßige Vorkommen von *Phlebopteris* und *Dictyophyllum*, das Auftreten von *Cladophlebis* in ein bis drei Arten (meist sind es *Cladophlebis denticulata* und *C. haiburnensis*), sowie von *Todites*. Für die meisten europäischen Floren ist das Fehlen der sonst im Lias häufigen *Coniopteris*-Arten typisch. In vielen europäischen Floren findet sich *Sagenopteris*. *Anomozamites*, *Nilssonia*, *Pterophyllum* und *Taeniopteris* sind die Hauptvertreter der Cycadophyten, seltener ist *Ctenis*. *Oto-*

| Nr. | Fundort | Altersstellung | Autor |
|---|---|---|---|
| 1 | *Thaumatopteris*-Zone, Scoresby-Sund, Ostgrönland | unterer Lias | HARRIS 1931–1937 |
| 2 | Hör, Schonen, Südschweden | unterer Lias | ANTEWS 1919 |
| 3 | Flöz Jean Molin, Stabbarp, Schonen, Südschweden | unterer Lias | JOHANSSEN 1922 |
| 4 | Sofiero, Schonen, Südschweden | unterer Lias | CHOW 1924 |
| 5 | Dompäng, Schonen, Südschweden | unterer Lias | CHOW 1924 |
| 6 | Normandie, Nordwestfrankreich | mittlerer Lias | MORIERE 1913; VACHRAMEEV 1964 |
| 7 | Deux Sevres/Vendée, Westfrankreich | unterer Lias | CARPENTIER 1947/1949 |
| 8 | Lozéré, südliches Zentralmassiv, Frankreich | unterer Lias | ROQUEFORT 1934 |
| 9 | Lothringen, Ostfrankreich, Luxemburg | Hettang | VACHRAMEEV 1964 |
| 10 | Nürnberg, Franken, BRD | unterer Lias | GOTHAN 1914 |
| 11 | Sassendorf bei Bamberg, BRD | unterer Lias | KRÄUSEL 1958/1959 |
| 12 | Quedlinburg/Halberstadt, DDR | Lias | DABER 1962 |
| 13 | Bernheide bei Wittenberge, DDR | Lias | DABER 1962 |
| 14 | Neuzelle bei Frankfurt (Oder), DDR | Lias | DABER 1962 |
| 15 | Chmielów, mittlere VR Polen | unteres Pliensbachien | KARASZEWSKI 1965 |
| 16 | Grójec, mittlere VR Polen | mittlerer Lias | KARASZEWSKI 1965 |
| 17 | Góry Świętokrzyskie, VR Polen | unterer Lias? | KARASZEWSKI 1965 |
| 18 | Rotzo, Venetianische Alpen, Norditalien | Domerien | WESLEY 1956/1965 |
| 19 | Mecsek-Gebirge, Ungarische VR | Hettangien | NAGY 1961 |
| 20 | Vulcan Codlea, SR Rumänien | oberer Unterlias | SEMAKA 1961 |
| 21 | Doman, Banat, SR Rumänien | mittlerer, unterer Lias | SEMAKA 1961 |
| 22 | Rudaria, Banat, SR Rumänien | unterer Lias | SEMAKA 1961 |
| 23 | Anina, Banat, SR Rumänien | unterer Lias | SEMAKA 1961 |
| 24 | Donez-Becken, UdSSR | unterer Lias | VACHRAMEEV 1964 |
| 25 | Nordkaukasus, Kuban-Becken, UdSSR | Pliensbachien | VACHRAMEEV 1964 |
| 26 | Mangyschlak, UdSSR | | VACHRAMEEV 1964 |
| 27 | Tuarkyr, Turkmenische SSR, UdSSR | | VACHRAMEEV 1964 |
| 28 | Südural (Magnitogorsk), UdSSR | | VACHRAMEEV 1964 |
| 29 | Karmoudz-Zīrab (Alborz-Gebirge) Nordiran | unterer Lias? | KILPPER 1964 |
| 30 | Dorud, Lar-Tal, Nordiran | | BARNARD 1964 |

*zamites* und *Ptilophyllum* wurden nur ganz vereinzelt nachgewiesen. Von den Ginkgophyten sind *Ginkgoites* und *Baiera* am verbreitetsten, daneben oft *Czekanowskia*, gelegentlich *Phoenicopsis*.

Die europäischen Lias-Floren sind durch ihren Reichtum an Farnen, vorwiegend aus den Familien der Dipteridaceae und Matoniaceae, dem hohen Anteil an Cycadophyten, insbesondere *Pterophyllum* und *Nilssonia*, den weitverbreiteten *Sagenopteris*-Arten und dem im wesentlichen für Europa typischen Auftreten von *Thinnfeldia rhomboidalis* als Zeugen eines vorherrschend warmen Klimas mit sicher hohem Feuchtigkeitsangebot zu werten.

Trotz des in der Gattungs- und Artenzusammensetzung recht einheitlich erscheinenden Florencharakters der europäischen Provinz im Lias gibt es innerhalb der einzelnen Floren doch spezifische Unterschiede und Besonderheiten.

Es ist auffällig, daß in den etwa auf gleicher geographischer Breite liegenden südlichen Floren, wie der von Lózére, der der Venetianischen Alpen und bei Vulcan Codlea und Doman die Ginkgophyten fast völlig fehlen (bei Rudaria ist nur ein *Ginkgoites taeniata* vorhanden). Die Coniferen wurden hier, ausgenommen die ihnen nahestehenden, fast

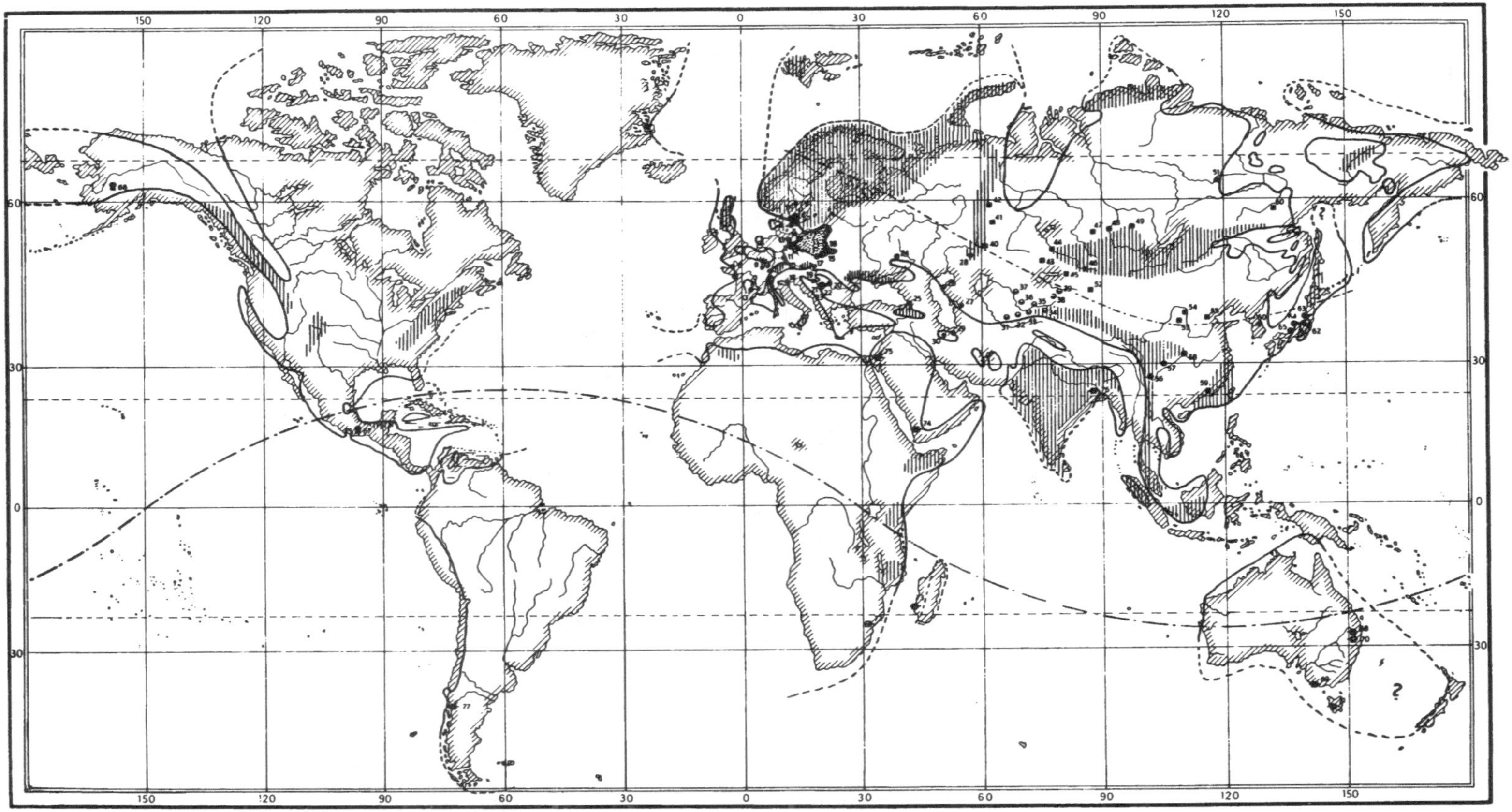

Abb. 3. Fundstellen der Floren des Lias (Welt)

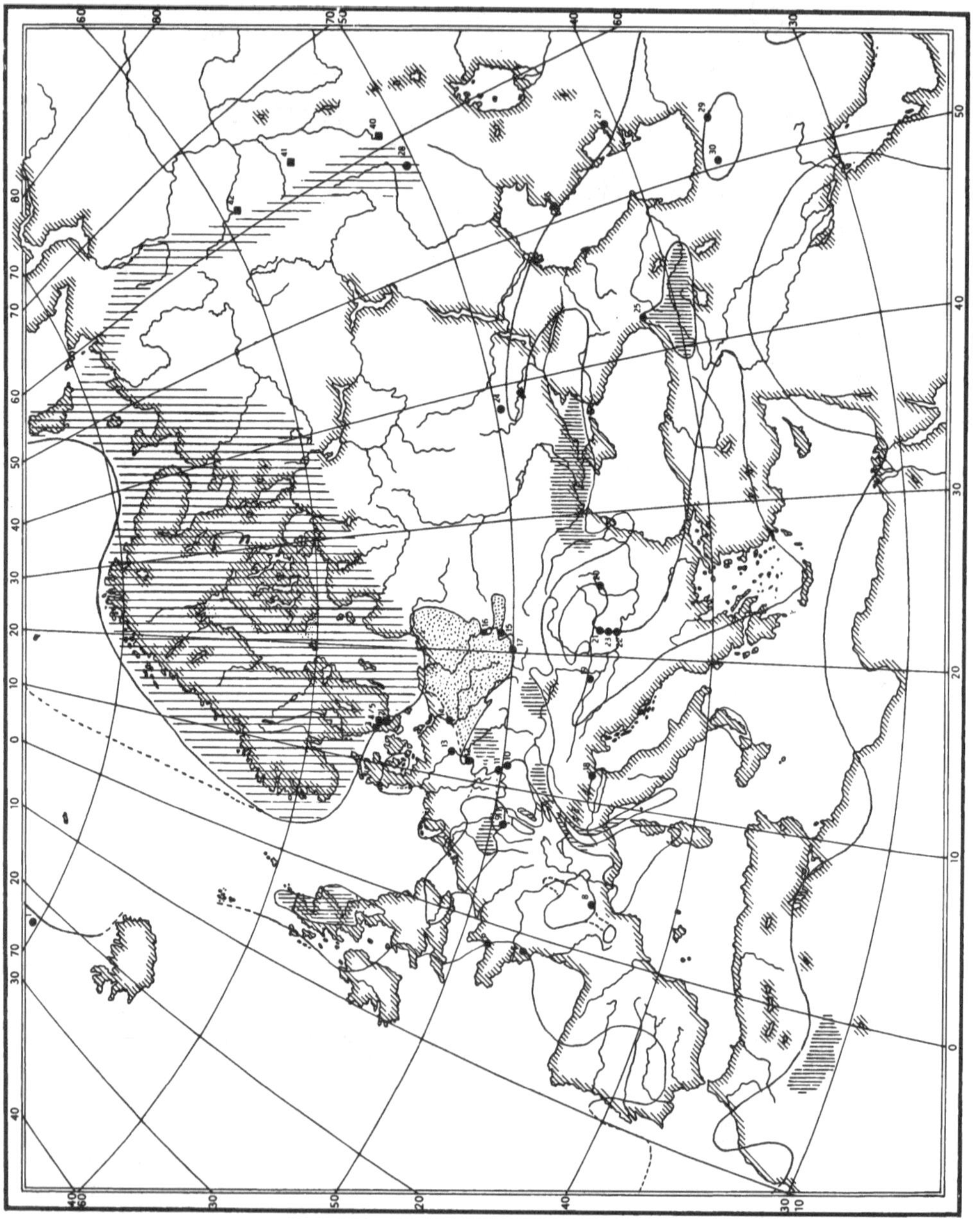

Abb. 4. Fundstellen der Floren des Lias (Europa)

überall zu findende *Podozamites lanceolatus*, vorwiegend durch schuppenblättrige Formen wie *Brachyphyllum* oder Arten wie *Pagiophyllum peregrinum* und die zu den Taxales zu rechnende *Palissya* vertreten. In Doman fehlen die Farne, in Lozéré wurde nur *Clathropteris platyphylla* gefunden; in der oberitalienischen Flora spielten sie nach Wesley (1965) eine untergeordnete Rolle. Dagegen wurde für die übrigen rumänischen Floren eine reichere Entwicklung der Matoniaceae und Dipteridaceae bekanntgemacht (Semaka 1961). In der Flora von Dorud, die die südlichste der in diesem Teilgebiet betrachteten Floren ist, gibt es weder Ginkgophyten noch Coniferen. In Mangyschlak wo die Coniferen ebenfalls fehlen, kommt *Phoenicopsis angustifolia* vor und in Tuarkyr nur eine *Ginkgo*-Art. Über die Flora von Zīrab kann keine vollständige Aussage gemacht werden, da außer den vier *Ptilophyllum*-Arten, die Kilpper (1968) aus dieser Flora beschrieb, bisher nur die Moose und Farne bearbeitet worden sind.

Interessant ist das Auftreten von *Ptilophyllum* in der Venetianischen Flora, im Nordkaukasus sowie im Südural und von *Williamsonia pecten* als *Ptilophyllum*-Reproduktionsorgan in Anina, während diese Pflanze im Lias Europas sonst unbekannt ist. Noch auffälliger verhält sich *Phoenicopsis angustifolia*, die in Europa ausschließlich in der SR Rumänien, dem Nordkaukasus, dem Südural und auf Mangyschlak vorkommt. Andere *Phoenicopsis*-Arten sind im Lias Europas außerhalb der genannten Fundpunkte nicht nachgewiesen worden.

In den Floren des Nordkaukasus und Tuarkyrs ist, verglichen mit dem geringeren Farnvorkommen in den europäischen Floren etwa gleicher Breitenlage, eine reiche Entwicklung der Filicales, vor allem der Familien Dipteridaceae und Matoniaceae, zu beobachten. Diese Erscheinung wird durch die Lage der östlichen Floren in riesigen Kohlenbildungsgebieten verständlich (Sinizin 1966). Die ebenfalls in einem solchen Gebiet, aber mitten im Kontinent gewachsene Flora des Südurals hat noch weitaus mehr Farne hervorgebracht. Verringert hat sich hier die Anzahl der Cycadophyten, wenn auch ein *Ptilophyllum* cf. *acutifolium* vorkommt.

Für die Flora von Zīrab macht Kilpper (1968) auf den xeromorphenähnlichen Bau von drei der vier dort gefundenen *Ptilophyllum*-Arten aufmerksam. Für die nordkaukasische Flora des Kuban-Beckens wurde das Vorkommen von *Ptilophyllum cutchense* und *Ptilophyllum acutifolium* angegeben. Stellt man den südlichen Floren die nördlicheren, wie die von Schonen, Franken und die der DDR gegenüber, so kann man ein reichlicheres Vorkommen von Ginkgophyten, insbesondere von *Baiera* (vorwiegend die Art *Baiera muensteriana*) und in den östlicher gelegenen Fundpunkten das Auftreten von *Pityophyllum*-Arten, also nadelblättrigen Coniferen, hervorheben. Diese nördlicheren Floren zeigen die von Vachrameev für die europäische Provinz herausgearbeiteten Merkmale besonders deutlich.

In die Betrachtung der europäischen Lias-Floren wird der *Thaumatopteris*-Horizont der Flora von Scoresby-Sund, Ostgrönland, einbezogen. Dies geschieht auf Grund der deutlichen Beziehungen zur Flora Schonens und der Übereinstimmung beider Floren in den wesentlichen Arten sowohl im Rät als auch im Lias. Diese Verwandtschaft wurde von Harris (1937), dem hervorragendsten Kenner der europäischen Jura-Flora, klar herausgearbeitet. Der Charakter der Flora der *Thaumatopteris*-Zone beider Fundgebiete wird speziell durch das Vorherrschen von Farnen und Ginkgophyten bestimmt. Demgegenüber tritt die Anzahl der Cycadales und Bennettitales zurück. *Sagenopteris* ist in beiden Regionen vorhanden gewesen. Die Equisetales waren im Vergleich zum Rät nicht mehr so zahlreich entwickelt. Diese Florenzusammensetzung sowie das Vorhandensein insbesondere großlaubiger Farnformen in beiden Floren (*Hausmannia*, *Dictyophyllum*) läßt ebenso wie das Vorkommen mehrerer Lebermoosreste (Steere 1946; Lundblad 1954) auf großes Feuchtigkeitsangebot bei milden, doch nicht zu warmen Temperaturen schließen. Dem widersprechen die Ablagerungsverhältnisse nicht. Die Einbettung der grönländischen Flora deutet nach Harris (1937) auf das Wachstum der

Pflanzen in einem deltaähnlichen Flußmündungsgebiet. Die gut erhaltenen Pflanzenreste und die Wurzelböden zeigen ein Wachstum des größeren Teils der Pflanzen an Ort und Stelle an, eventuell als lagunenbegrenzender Sumpfwald. HARRIS (1937) berichtet darüber hinaus von einer großen Anzahl sehr schlecht erhaltener Reste, teils Kutikulen, teils unbestimmbarer Bruchstücke möglicherweise oft noch unbekannter Arten, die auf weiten Transport im Flußwasser hinweisen.

Entsprechend dem Begleitgestein (TRALAU 1968) herrschten in Schonen zur Zeit der Floreneinbettung wahrscheinlich ähnliche Verhältnisse. Die nahen Beziehungen beider Floren könnten aus den etwa gleichen Ablagerungsbedingungen begründet werden. Allerdings übt immer das Klima den bestimmendsten Einfluß auf den Charakter einer Flora und auf die Artenverbreitung aus (MAHABALE 1954). Gleiche klimatische Verhältnisse in beiden Florengebieten können bei einer derart weiten Entfernung, wie sie heute vorhanden ist, nicht erwartet werden. Schon die räumlich weniger entfernten südlichen Floren Europas zeigen Abweichungen, ebenso die der Venetianischen Alpen, in denen nach WESLEY (1965) etwa gleiche Ablagerungsbedingungen vorlagen. Verständlicher werden die Übereinstimmungen der Floren, wenn man sich Grönland entsprechend den modernen Vorstellungen über die Kontinentalverschiebung (WILSON 1965; BULLARD 1964; BULLARD u. a. 1965) weiter südlich gelegen und an Europa angenähert denkt. Eine Erklärung der Beziehungen unter Beibehaltung der heutigen geographischen Lage ausschließlich durch eine warme Meeresströmung erscheint nicht ausreichend. Paläontologisch ist eine solche Meeresströmung bisher nicht nachgewiesen. In einigen Florenfundgebieten gelang es, durch exakte Trennung der Pflanzen einzelner Fundpunkte bzw. Horizonte eng benachbarte, aber deutlich unterschiedene Floren gegeneinander abzugrenzen. Solche Aufsammlungen geben Möglichkeiten zu ökologischen Untersuchungen, wie sie von WEBER (1968) unter Berücksichtigung der Coenologie durchgeführt wurden. DABER (1968) untersuchte die Quedlinburger Unterkreide-Flora unter ähnlichen Gesichtspunkten und unter Einbeziehung der paläogeographischen Situation zur Einbettungszeit. NAGY (1961) trennt innerhalb der Lias-Flora des Mecsek-Gebirges (Ungarische VR) drei verschiedene Assoziationen. Nach ihm repräsentieren die großen Equisetiten und die *Taeniopteris*-Formen mit ihren riesigen Blattflächen einen Regenwaldtypus (Pluvii silvae), dem eine Bennettites-Savanne mit fünf Cycadophyten-Arten (darunter eine Riesenform), und den Caytoniales als Zeugen trockener Bereiche gegenübersteht. Ein drittes Biotop mit kühlerem und noch trockenerem Klima (Aesti silvae-Typus) wäre von den *Podozamites*, den Coniferen (*Palissya*) und den Ginkgophyten besiedelt worden. Diese Darstellung ist ein interessanter Versuch, innerhalb einer fossilen Flora ökologisch verschiedene Pflanzengemeinschaften eines kleineren Gebiets gegeneinander abzugrenzen und entsprechend ihren Umweltansprüchen zusammenzufassen.

Die Armut der Flora von Lozéré und ihre Zusammensetzung können sicher ebenso auf bestimmte Umweltbedingungen zurückgeführt werden, wie die vorwiegend aus Cycadophyten bestehende Flora von Doman.

Berücksichtigt man die spezifischen Wachstumsbedingungen, unter denen die heutigen *Gleichenia*-Arten gedeihen, hat das Vorkommen von Angehörigen dieses Verwandtschaftskreises im Jura sicher ebenfalls ökologische Bedeutung.

BOLCHOVITINA (1966) nannte in ihrer Zusammenstellung Funde im Lias von Schonen, Grönland und Norditalien.

Aus dem Vergleich der Floren untereinander und der Artenverbreitung im einzelnen geht für die europäischen Floren folgendes hervor:

Es gibt Nord-Süd-Unterschiede, die sich an einer schrittweisen Veränderung der Florenzusammensetzung ablesen lassen. Sie kommen vor allem in der Abnahme des Cycadophyten- und dem Anwachsen des Ginkgophyten-Anteils von Süden nach Norden zum Ausdruck. Für die südlichen Floren sind das Nichtauftreten der Ginkgophyten, das Fehlen oder die nur geringe Entwicklung der Farne und die Anwesenheit der Gattung *Ptilophyllum* charakteristisch.

Einzelne Arten zeigen ein deutlich differenziertes Verbreitungsverhalten. So sind *Phoenicopsis angustifolia* und *Coniopteris hymenophylloides* auf die südöstlichen Fundpunkte des Teilgebiets beschränkt, in denen dagegen *Sagenopteris* fehlt. Nur in Grójec überschneidet sich diese Gattung mit *Coniopteris*. *Pityophyllum* tritt in fast allen östlich einer von Bornholm nach den Venetianischen Alpen gedachten Linie gelegenen Floren auf. Eine verstärkte Entwicklung dieser Gattung ist darüber hinaus im südöstlichen Raum zu bemerken.

Besondere Beachtung verdient die Verbreitung der schuppenblättrigen Coniferen. Die nördlichsten Standorte besiedelte im unteren Lias *Swedenborgia cryptomerioides*. Außer in Schonen und Grönland kommt diese Art in Europa lediglich in Franken vor. *Cheirolepis* wuchs vorwiegend in den mittleren Breitenlagen. Sie fehlte in Schonen, Grönland und den in der DDR gelegenen Fundpunkten. (Verbreitungskarten für beide Gattungen nach Florin 1963.) Im mittleren Lias werden die schuppenblättrigen Coniferen im wesentlichen durch *Brachyphyllum* vertreten. Diese Gattung ist hauptsächlich auf südliche Standorte beschränkt gewesen.

Die europäischen Floren sind, wie aus der Lage der Fundstellen in den paläogeographischen Karten deutlich wird, fast ausschließlich in Küstenrandlage oder küstengenäherten Gebieten gewachsen. Damit befanden sie sich alle unter ozeanischem Einfluß. Die dargestellten Nord-Süd-Unterschiede innerhalb der Floren können deshalb auf ein nord-südliches Temperaturgefälle zurückgeführt werden. Ein geringeres Feuchtigkeitsangebot in den südlichen Breitenlagen wird durch den dort anzutreffenden Florencharakter wahrscheinlich gemacht.

Ob das Verhalten einzelner Arten als Reaktion auf kontinentale oder ozeanische Standortbedingungen zurückzuführen ist, kann erst nach einer Gegenüberstellung mit den asiatischen Floren entschieden werden. Im Vergleich mit den Verhältnissen in der rezenten Flora wären solche Abweichungen jedoch zu erwarten. Es sei nur an die Ausbildung der ozeanischen Buchen- und der kontinentalen Eichenzone in Europa erinnert.

Ökologische Unterschiede, die auf die Kleinklimate verschiedener Standorte zurückzuführen sind, gab es auch im Lias. Ihr Nachweis ist schwierig und müßte unter genauem Studium der möglicherweise am Einbettungsmaterial autochthoner Floren abzulesenden edaphischen Bedingungen erfolgen.

### 4.2.1.2. Mittelasien

Im mittelasiatischen Raum liegen neun Florenfundstellen in verhältnismäßig enger Nachbarschaft:

| Nr. | Fundort | Autor |
|---|---|---|
| 31 | Hissar-Gebirge, UdSSR | Vachrameev 1964 |
| 32 | Fan-Jangob, UdSSR | |
| 33 | Südfergana, UdSSR | |
| 34 | Ostfergana, UdSSR | |
| 35 | Kok-Jangak, UdSSR | |
| 36 | Angren (bei Taschkent), UdSSR | |
| 37 | Südostkaratau, UdSSR | |
| 38 | Son-Kul, UdSSR | |
| 39 | Issyk-Kul, UdSSR | |

Diese Floren wurden von VACHRAMEEV (1962) zur mittelasiatischen Provinz innerhalb der indoeuropäischen Region zusammengefaßt. Die Kennzeichen dieser Provinz sind nach VACHRAMEEV (1962, 1965) die größere Artverschiedenheit der Ginkgophyten (sowohl *Ginkgo* als auch *Phoenicopsis*, *Czekanowskia* und *Sphenobaiera* sind vorhanden, *Baiera* ist seltener) und der *Cladophlebis*-Arten, von denen bis zu elf verschiedene gemeinsam vorkommen. Neben *Cladophlebis haiburnensis*, *Cladophlebis denticulata* und *Cladophlebis nebbensis* treten zahlreiche Lokalarten auf. Zudem sind die *Coniopteris*-Arten vielfältig und ebenso wie *Osmundopsis* häufig. Dagegen finden sich *Thaumatopteris* und *Dictyophyllum* seltener. In Europa weit verbreitete Arten wie *Thinnfeldia* und *Sagenopteris* fehlen hier fast gänzlich. Die Cycadophyten sind mit *Anomozamites*, *Pterophyllum*, *Ctenis* und *Taeniopteris* vor allem im Süden reich entwickelt und nehmen nach Norden zu stark ab. Unter den Coniferen tritt *Ferganiella*, die außerdem nur in der sibirischen Region vorkommt, auf.

Vergleicht man den Gattungsbestand der mittelasiatischen Provinz mit dem der europäischen, so fällt die fast völlige Übereinstimmung auf. Als neue Elemente wären *Ferganiella* und die Gymnosperme inc. sed. *Ixostrobus* zu nennen, die möglicherweise eine Ginkgophyten-Fruktifikation war (VACHRAMEEV 1962). Die meisten Arten beider Provinzen sind identisch.

Neben den von VACHRAMEEV zusammengestellten Kennzeichen sind innerhalb der mittelasiatischen Provinz und insbesondere im Vergleich zu Europa einige weitere Beobachtungen bemerkenswert.

So fällt auf, daß die in Europa reichlich ausgebildeten schuppenblättrigen Coniferen fast völlig zurücktreten. *Brachyphyllum* kommt nur in den drei küstengenäherten Fundstellen vor, *Pagiophyllum* lediglich mit einer nicht definierten Art in Angren. *Cheirolepis* tritt überhaupt nicht auf. Dagegen sind die nadelblättrigen Coniferen, vorherrschend *Pityophyllum nordenskiöldi*, reich vertreten. Außer durch die Verbreitung von *Brachyphyllum* läßt sich an dem Verhalten anderer Arten ein Unterschied zwischen den drei küstengenäherten südlichen Floren und den kontinentaleren nördlichen feststellen. Während für das Wachstum von *Brachyphyllum*, *Sagenopteris* und *Thinnfeldia* möglicherweise die Lage zur Küste ausschlaggebend war — *Sagenopteris* wurde lediglich im Hissar-Gebirge und in Südfergana gefunden, *Thinnfeldia* ausschließlich an letztgenanntem Ort —, zeigt die Abnahme der Cycadophyten nach Norden zu eine Reaktion auf die Breitenlage. *Ptilophyllum* ist die Gattung, die im Lias Europas nur in den südlichsten Lagen auftritt. In der mittelasiatischen Provinz kommt sie nur in der im Hissar-Gebirge gefundenen Flora vor. *Pterophyllum* ist bis nach Ostfergana verbreitet gewesen. *Nilssonia*, *Anomozamites* und *Taeniopteris* gingen bis nach Südostkaratau, wenn auch fast immer nur mit einer Art. In Son-Kul und Issyk-Kul, den am nördlichsten gelegenen Floren der mittelasiatischen Provinz, kamen überhaupt keine Cycadophyten mehr vor. Damit ist in diesen Floren bereits eine große Annäherung an die sibirische Region spürbar. Auf Grund ihres Reichtums an Farnen, auch der Dipteridaceen und Matoniaceen wurden diese Floren von VACHRAMEEV jedoch noch zur mittelasiatischen Provinz gestellt.

Die in Europa offenbar bisher nicht nachgewiesene Gattung *Ixostrobus* bleibt in der mittelasiatischen Provinz auf die drei küstengenäherten südlichen Fundorte Hissar-Gebirge, Fan-Jangob und Südfergana beschränkt. Für die Gestaltung der mittelasiatischen Florenzusammenballung war ihre Lage in einem riesigen Kohlenbildungsgebiet (SINIZIN 1966) ausschlaggebend. Der Reichtum an Farnen und Ginkgophyten bestätigt das Vorhandensein eines humiden Klimas mit großem Feuchtigkeitsüberschuß ebenso wie die riesigen Kohlenlager. In mehreren Fundstellen treten die Floren in verschiedenen Horizonten auf, die sich voneinander, entsprechend der Pflanzenzusammensetzung, unterscheiden lassen. Besonders deutlich wird der andersartige Charakter der Horizonte in der Flora aus dem Hissar-Gebirge. VACHRAMEEV (1964) stellte die Arten der drei Horizonte dieser Flora in einer Tabelle zusammen. Aus dem völligen Fehlen der Moose und Equiseten, der Armut an Cycadophyten und der einzigen vorhandenen *Ginkgo*-Art im untersten Horizont, der sich verstärkenden Entwicklung der Ginkgophyten und Cycadophyten und dem Auftreten einer *Equisetites* in der mittleren Schicht, ferner der reichen Entwicklung aller Gruppen einschließlich einer größeren Anzahl an Gymnospermen unbekannter Stellung im oberen Horizont können Schlußfolgerungen auf eine Veränderung der ökologischen Verhältnisse im Verlauf des Lias gezogen werden. Wahrscheinlich ist eine Klimaänderung mit Erwärmung und Erhöhung des die Kohlenbildung fördernden Feuchtigkeitsangebots. Aus der Übersicht von Vachrameev (1964) über die verschiedenen Horizonte der Flora Südferganas ist eine ähnliche Entwicklung ablesbar. Das Verhalten der Floren steht in Einklang mit den von Sinizin (1966) für Asien dargestellten Verhältnissen. Seit dem Rät entwickelte sich die Kohlenbildung fortschreitend zu den im Bathonien erreichten riesigen Ausmaßen.

### 4.2.1.3. Sibirien und Nordteil der VR China

Die Floren Sibiriens verteilen sich auf ein äußerst weiträumiges Gebiet. Ihr größerer Teil liegt der von Vachrameev gezogenen Trennlinie zur indoeuropäischen Region genähert. Drei Floren befinden sich im zentralen Bereich, zwei im nördlichen Küstenrandgebiet.

In Übereinstimmung mit der von Vachrameev vorgenommenen Einordnung dieser Floren in die sibirische pflanzengeographische Region werden die der nördlichen und nordöstlichen VR China mit zu diesem Teilgebiet gerechnet.

| Nr. | Fundort | Autor |
|---|---|---|
| 40 | Turgai-Becken, UdSSR | Vachrameev 1964 |
| 41 | Tscheljabinsk, UdSSR | |
| 42 | Bogoslowsk (Ostural), UdSSR | |
| 43 | Karaganda, UdSSR | |
| 44 | Maikjuben (Nordostkasachstan), UdSSR | |
| 45 | Ala-Kul (Südostkasachstan) UdSSR | |
| 46 | Kenderlik, UdSSR | |
| 47 | Kusnezk-Becken, UdSSR | |
| 48 | Tschulym-Jenissei-Becken, UdSSR | |
| 59 | Kansker Becken, UdSSR | |
| 50 | Südjakutisches Becken, UdSSR | |
| 51 | Wiljui-Becken, UdSSR | |
| 52 | Dsungarei, VR China[2]) | Sze, 1956; Vachrameev 1964 |
| 53 | Shensi, VR China | Lee 1951; Vachrameev 1964 |
| 54 | Nordshansi, VR China | Vachrameev 1964 |
| 45 | Umgebung von Peking, VR China | Vachrameev 1964 |

Die Merkmale der das riesige Nordgebiet Asiens umschließenden sibirischen Region sind ihr Reichtum an Ginkgophyten und *Podozamites*. Cycadophyten treten als seltene Einzelfunde auf. Die Dipteridaceae sind weit weniger stark als in der indoeuropäischen Region entwickelt und werden durch die Gattungen *Clathropteris* und *Hausmannia* vertreten.

[2]) Zum Auffinden in der Literatur wurde die alte Schreibweise der Ortsnamen in der VR China beibehalten.

*Thaumatopteris* und *Dictyophyllum* kommen fast nicht vor. *Coniopteris* ist dagegen in mehreren Arten verbreitet, *Cladophlebis* in großer Artenvielfalt überall vorhanden. An Coniferen fand man vorwiegend *Pityophyllum*, insbesondere die Art *Pityophyllum nordenskiöldi* (Vachrameev 1962).

Innerhalb des riesigen Raums der sibirischen Region sind nur wenige Unterschiede zwischen den einzelnen Floren festzustellen. Eine Einteilung in Florenprovinzen wurde deshalb von den sowjetischen Autoren nicht vorgenommen.

Lediglich die westlichen und südlichen Floren zeigen als Übergangserscheinung von der indoeuropäischen Region in die sibirische eine etwas größere Artenfülle. Hier kommen einzelne Vertreter von *Pterophyllum* und *Taeniopteris* sowie bei Karaganda ein *Anomozamites* cf. *minor* vor. Eine einzelne *Thinnfeldia rhomboidalis* gibt es im Ural südlich von Bogoslowsk, je eine nicht näher bestimmte *Thinnfeldia* bei Kenderlik und im Turgai-Becken. Am ärmsten sind die Floren von Tschulym-Jenissei und bei Kansk entwickelt. Von diesen im Zentrum des Kontinents liegenden Fundpunkten gibt es nur wenige Equiseten, Farne, Coniferen und Ginkgophyten. Dabei ist die Farnentwicklung von Kansk noch ärmer als im Gebiet von Tschulym-Jenissei. Die Flora von Kusnezk, die von den zentralsibirischen Floren entsprechend der paläogeographischen Karte dem weit ins Land reichenden Meeresvorstoß am nächsten liegt, macht einen viel reicheren Eindruck. Sie besitzt außer einem *Pterophyllum* eine *Nilssonia*, sowie die Farne *Marattiopsis*, *Hausmannia*, *Clathropteris* und *Phlebopteris*. Auffällig ist, daß in den beiden küstengenäherten Floren, obwohl sie am nördlichsten liegen, ein *Pterophyllum* und eine *Taeniopteris* vorkommen, die Coniferales hier dagegen schwach entwickelt sind. In der südjakutischen Flora kommt zusätzlich — ebenso wie in Kusnezk — ein *Phlebopteris* vor. Die Floren Nordchinas, die nahe der Grenzlinie zur indoeuropäischen Region gewachsen sind, unterscheiden sich in ihrer Zusammensetzung nicht von den übrigen Floren dieser Übergangszone. Auch hier wurden vereinzelt *Pterophyllum* und *Nilssonia* gefunden. Auffällig ist das Vorkommen der aus dem Rät Schonens und Ostgrönlands bekannten und nach Gothan & Weyland (1964) der *Nilssonia*-Gruppe nahestehenden Gattung *Ptilozamites*.

Vergleicht man den Gattungsbestand der sibirischen Region mit dem der indoeuropäischen, so sind zwar insgesamt weniger Gattungen und Arten vertreten, doch bauen sich die beiden Floren im wesentlichen auf den gleichen Gattungen und einer großen Anzahl gleicher Arten auf. Als neues Element ist die im sibirischen Raum auftretende *Raphaelia* zu nennen.

#### 4.2.1.4. Ostasien

Im ostasiatischen Raum gibt es Florenfunde aus dem Lias in der südlichen VR China, auf der Halbinsel Korea und in Japan.

| Nr. | Fundort | Autor |
|---|---|---|
| 56 | Westhupeh, VR China | Sze 1949 |
| 57 | Szechuan, Jalung-ho-Bassin, VR China | Sze 1952 |
| 58 | Ostszechuan, VR China | Vachrameev 1964 |
| 59 | Fukien, östliche VR China | Vachrameev 1964 |
| 60 | Daido, Halbinsel Korea | Principe 1940 |
| 61 | Nagano, Japan | Kimura 1959 |
| 62 | Iwamura, Japan | Kimura 1959 |
| 63 | Niigata, Japan | Kimura 1959 |
| 64 | Toyama, Japan | Kimura 1959 |
| 65 | Yamaoku, Japan | Kimura 1959 |

Die Floren des südlichen China und Japans faßte VACHRAMEEV (1964) zur ostasiatischen Florenprovinz der indoeuropäischen Region zusammen. Entsprechend ihrer Lage wird die Lias-Flora auf der Halbinsel Korea zu dieser Provinz gestellt.

In diesem Gebiet sind ähnlich wie in der europäischen Provinz die Filicales vorwiegend durch die Gattungen *Cladophlebis*, *Marattiopsis*, *Dictyophyllum*, *Phlebopteris* und *Clathropteris* vertreten. Außerdem erscheint *Coniopteris* in einigen Fundorten. Neben vielen aus Europa gleichfalls bekannten Arten gibt es, ähnlich wie in der mittelasiatischen Provinz, einige nur lokal auftretende Formen. Während *Cladophlebis* sehr häufig ist, kommt *Thaumatopteris* selten vor. Reichlich vorhanden sind die Cycadophyten, vorwiegend mit *Pterophyllum*, *Nilssonia* und *Taeniopteris*, daneben sind *Anomozamites*, *Otozamites* und *Ctenis* nachgewiesen (VACHRAMEEV 1962).

Von den vier chinesischen Floren befinden sich zwei tief im Inneren des Kontinents. Die beiden anderen wuchsen — abzulesen aus den paläogeographischen Karten — in der Nähe der Ost- bzw. Westküste. Stellt man einen Vergleich zwischen den Küsten- und Kontinentalfloren an, so fällt auf, daß die beiden im Kontinent gelegenen Fundpunkte weitaus weniger Cycadophyten enthalten. Es kommen lediglich die Gattungen *Pterophyllum*, *Nilssonia* und *Taeniopteris* vor. Wesentlich vielfältiger und artenreicher ist dagegen der Cycadophyten-Anteil in der Flora von Hupeh in der Nähe der Westküste ausgebildet. Hier gibt es außer den drei genannten Gattungen noch *Anomozamites*, *Otozamites*, *Zamites*, *Ctenis*, *Nilssoniopteris*, *Sphenozamites* und *Williamsonia*. Besonders hervorzuheben ist das Vorkommen von zwei *Ptilophyllum*-Arten. Die Coniferen dieser Flora sind zum Teil schuppenblättrig gewesen. *Swedenborgia cryptomerioides* kam hier vor. Die Farne sind durch große Artenvielfalt ausgezeichnet, was ebenso wie die reiche Bennettiteen- und Cycadeen-Entwicklung auf warmes und nicht zu trockenes Klima hinweist.

An der Ostküste scheinen dagegen andere Verhältnisse geherrscht zu haben. Hier tritt wieder eine *Thinnfeldia* auf — also erneut ein Vorkommen dieser Pflanze in einer Flora mit ozeanischen Bedingungen. Die Farne sind ebenfalls in vielen Arten vorhanden, die Cycadophyten durch *Zamites* und mehrere *Nilssonia*-Arten vertreten. In den beiden Floren im Innern Chinas sind die Farne weitaus artenärmer entwickelt. Vorherrschend waren verschiedene *Cladophlebis*-Arten, jedoch sind gelegentlich Dipteridaceen gefunden worden. *Coniopteris*, in den beiden anderen südchinesischen Floren anwesend, fehlt. An Ginkgophyten kamen in der westlicheren Kontinental-Flora nur einige *Baiera*-Arten, in der östlicheren gar keine vor. Mit der Farnart *Amdrupiopsis sphenopteroides* SZE und den Pflanzen unsicherer Stellung *Scoresbya dentata* HARRIS, *Sinophyllum sunii* SZE sowie der Conifere *Nageiopsis rhaetica* OISHI gibt VACHRAMEEV für diese Floren Elemente an, die neu sind bzw. selten vorkommen.

Die von PRINCIPE (1940) im Überblick gegebene Flora der Daido-Formation auf Korea unterscheidet sich durch keine auffälligen Merkmale von den übrigen indoeuropäischen Lias-Floren.

Die japanischen Lias-Floren wurden von KIMURA (1959) beschrieben und zum unteren Lias gestellt. In der Zusammensetzung, ihrem Reichtum an Cycadophyten (*Taeniopteris*, *Ctenis*, *Pterophyllum*, *Anomozamites*, *Nilssonia*) und Farnen — vor allem *Cladophlebis* in mehreren Arten, sowie Dipteridaceae und Marattiaceae — entsprechen sie den übrigen ostasiatischen Floren und insgesamt den Merkmalen der indoeuropäischen Region. Die Coniferen treten zurück, neben *Pityophyllum* ist mit *Swedenborgia* wieder eine schuppenblättrige Form anwesend. Dies, sowie die hier wieder auftretende *Sagenopteris*, kann wohl als Auswirkung des ozeanischen Einflusses angesehen werden. Auffällig ist, daß von *Coniopteris* nur ein sehr fraglicher Rest vorhanden ist. Ein *Ptilophyllum*-Rest ist bisher nicht beschrieben worden und deshalb ebenfalls fraglich. Die recht robust aussehenden Blattstrukturen einiger Pflanzen (besonders *Cladophlebis haiburnensis*, *Taeniopteris* und *Nilssonia orientalis*) lassen auf Wachstum an Stellen mit starker

Sonneneinstrahlung und entsprechend der Küstenrandlage verstärkter Insolation schließen. Die Beobachtung, daß Pflanzen mit ähnlich robuster Belaubung dicht am Strand unter voller Sonneneinwirkung wachsen und in unmittelbarer Nachbarschaft landeinwärts von ganz anders gearteten und ausgestatteten Assoziationen abgelöst werden, kann heute z. B. auf Kuba gemacht werden (persönliche Mitteilung von Prof. Daber). Die japanischen Inseln waren zur Zeit des Jura, wie das tropische Kuba heute, einem Kontinent östlich vorgelagert, so daß man sich etwa gleiche Bedingungen vorstellen könnte.

Die Nagano-Flora der Kuruma-Gruppe weicht von den übrigen vier japanischen Floren stark ab. Sie enthält keine Cycadophyten, dafür aber vorwiegend Dipteridaceen in besonders reicher Ausbildung, außerdem Equiseten, Ginkgophyten, *Pityophyllum* und *Podozamites*, ferner *Sagenopteris*. Man könnte annehmen, daß diese Pflanzen unter reichlichstem Feuchtigkeitsangebot (vielleicht Nebelklima) an einem sonnenabgewandten Standort, möglicherweise der Nordseite einer Erhebung, gewachsen sind. Gebirgsreste waren entsprechend den paläogeographischen Angaben im Lias der japanischen Inseln vorhanden.

### 4.2.1.5. Nord- und Mittelamerika

Im Hinblick auf die bedeutende Größe des Gebiets ist die Anzahl der für den nord- und mittelamerikanischen Kontinent bekannten Jura-Floren bemerkenswert gering. Für den Lias sind dies die Flora des Matanuska-Tals (Knowlton 1916), die Flora des *Thaumatopteris*-Horizonts von Scoresby-Sund und die Rosario-Formation der Region Tezoatlan, Mexiko, die auf Grund der Angaben von Silva-Pineda (1970) noch zum obersten Lias gerechnet werden könnte.

Auffällig ist die allgemein küstengenäherte Lage der wenigen Fundstellen, die ebenfalls für die Floren des höheren Jura zu beobachten ist.

| Nr. | Fundort | Altersstellung | Autor |
|---|---|---|---|
| 66 | Matanuska-Tal, Alaska | unterer Lias | Knowlton 1916 |
| 1 | Scoresby-Sund, Ostgrönland | unterer Lias | Harris 1937 |
| 67 | Tezoatlan/Oaxaca, Mexiko | oberster Lias | Silva-Pineda 1970 |

Die wohl älteste Jura-Flora in Nordamerika ist nach Knowlton (1916) die des Matanuska-Tals, Alaska. Sie wurde an vier Punkten verstreut gefunden. Ihr Erhaltungszustand ist nicht besonders gut, die Bestimmungen sind teilweise fraglich. Die Einbettung zusammen mit marinen Invertebraten deutet auf Allochthonie. Außer einem *Pagiophyllum* sind eine *Nilssonia*, zwei *Otozamites*, zwei *Pterophyllum*, ein fragliches Bruchstück von *Ctenophyllum*, ein Rest von *Sagenopteris* sowie *Cladophlebis* und *Dictyophyllum* gefunden worden. Das Vorkommen von *Sagenopteris* und einer schuppenblättrigen Conifere in Küstennähe ist auffällig. In ihrer, wenn auch bruchstückhaften Zusammensetzung entspricht diese Flora denen der indoeuropäischen, speziell der europäischen Region. Ihrer Lage nach müßte sie zur sibirischen Zone gerechnet werden.

Die Flora Ostgrönlands wurde auf Grund ihrer Übereinstimmung mit der Flora Schonens innerhalb der europäischen Floren abgehandelt (S. 17).

Der Florenanteil des obersten Lias aus der mexikanischen Oaxaca-Flora setzt sich größtenteils aus Cycadales und Bennettitales zusammen. Dieser, als Rosario-Formation (Silva-Pineda 1970) bezeichnete Horizont, enthält keine Ginkgophyten, Coniferen und Caytoniales. Von den Equisetales ist nur ein fraglicher Rest vorhanden, die Farne werden durch *Coniopteris arguta* und *Cladophlebis browniana* vertreten. Unter den

Cycadophyten deutet das Vorkommen von *Ptilophyllum acutifolium* und *Ptilophyllum cutchense* auf besonders warme, im Lias nur in den südlichsten Lagen bestehende Verhältnisse.

Bemerkenswert ist ein als *Glossopteris linearis* McCoy bestimmtes Fossil. Erst das Auffinden von Reproduktionsorganen würde jedoch eine sichere Zuordnung dieser Reste zu *Glossopteris* und damit als Überbleibsel der permokarbonischen Gondwana-Flora ermöglichen.

Auf Grund der geringen Anzahl an Floren kann eine Aussage zu den in Eurasien anstehenden Fragen für den Lias Nordamerikas nicht sicher begründet werden.

Das Vorkommen von *Ptilophyllum* im Süden und der Unterschied zwischen beiden Floren sowie ihre Zusammensetzung zeigt jedoch ebenfalls eine Nord-Süd-Differenzierung an.

### 4.2.1.6. Zusammenfassung nördliche Hemisphäre

Die Gesamtheit der asiatischen Lias-Floren zeigt, wie die der europäischen, eine deutliche Nord-Süd-Abstufung. Die Floren Sibiriens sind sicher unter einem zeitweilig kühleren Klima gewachsen. Aus dem Reichtum an Farnen wie aus den mächtigen Kohlenfunden läßt sich auf reichliches Feuchtigkeitsangebot schließen. Die Pflanzen der mittleren Bezirke zeigen das Ansteigen der Temperaturen mit zunehmender Annäherung an den Äquator an. Die wärmsten Gebiete werden durch die Anwesenheit von *Ptilophyllum* gekennzeichnet.

Betrachtet man das Gesamtgebiet Eurasiens, so läßt sich ein deutlicher Unterschied zwischen kontinentalen und ozeanischen Klimagebieten herausarbeiten.

Die Gattung *Sagenopteris* kommt ausschließlich an ozeanisch beeinflußten Standorten vor. *Thinnfeldia* meidet im wesentlichen die kontinentalen und die nördlichen Gebiete. Das Zentrum ihres Vorkommens liegt in Europa.

Die schuppenblättrigen Coniferen *Brachyphyllum* und *Cheirolepis* gibt es in den kontinentalen Floren des Lias nicht. Auch die asiatischen Fundorte dieser Gattungen lagen unter ozeanischem Einfluß. Die Vertreter der genannten morphologischen Gruppe waren wohl ebenfalls temperaturabhängig, wie in der Abfolge der Arten in Europa deutlich wird. Möglicherweise sind sie an die ausgeglicheneren Umweltbedingungen im ozeanischen Klima gebunden gewesen. *Pityophyllum* hat seinen Verbreitungsschwerpunkt in den östlichen Kontinentalgebieten. Die Art *Pityophyllum nordenskiöldi* tritt dort am häufigsten auf und meidet die nördlicheren sowie die küstengenäherten Standorte. Dort kommen andere Arten dieser Gattung, unter ihnen vorherrschend *Pityophyllum longifolium* und *Pityophyllum lindströmi*, vor.

*Phoenicopsis*, eine Pflanze, die in Europa so gut wie fehlte, wuchs in der sibirischen Region und im südlicheren Asien reichlich und zum Teil in mehreren Arten.

In Japan und den chinesischen küstengenäherten Standorten fehlte sie, bis auf eine nicht genau definierte Form in Westhupeh, ebenfalls.

Betrachtet man die Mannigfaltigkeit der Artbildung innerhalb einer Gattung als Kriterium für optimale Lebensbedingungen, so hatten die Ginkgophyten ihr bevorzugtes Areal in den Kontinentalgebieten vor allem der mittleren Breiten.

Die in Europa so gut wie nicht anzutreffende Farnart *Coniopteris hymenophylloides* fehlte in Japan ebenfalls, möglicherweise bevorzugte sie die wärmeren Standorte in den Kontinentalgebieten.

In bezug auf das Verbreitungsverhalten einiger hier genannter Pflanzen tragen die südosteuropäischen Floren Übergangscharakter.

Neben Arten mit ausgeprägten ökologischen Ansprüchen gab es einige, die im gesamten eurasiatischen Gebiet vorkamen und sich offenbar mit allen Standortbedingungen abfanden. Dazu ist vor allem *Podozamites lanceolatus* zu zählen. *Cladophlebis denticulata* und *Cladophlebis haiburnensis* scheinen ebenfalls eine weite ökologische Amplitude besessen zu haben. Das Verhalten einzelner Glieder der Lias-Flora Eurasiens spricht deutlich für die Ausprägung unterschiedlicher Klimaverhältnisse unter ozeanischen und kontinentalen Bedingungen. Sicher ist auch im Jura an den Besonderheiten des ozeanischen Klimas das Wärmespeichervermögen der Wassermassen der Meere beteiligt gewesen. Der klimaausgleichende und mildernde Einfluß des Ozeans ist in den Floren des sibirischen Küstengebiets und bis weit ins Innere des Kontinents hinein zu spüren.

Außerdem setzten während des Lias insbesondere in Asien nur wenige und keine größeren Erhebungen den feuchtigkeitsbringenden Seewinden Widerstand entgegen.

Im Innern der Kontinentalmassen muß entsprechend dem insgesamt wärmeren Klima bei eisfreien Polen mit größerem Wärmeangebot als heute gerechnet werden. Nicht alle Pflanzen sind in der Lage, selbst bei ausreichender Feuchtigkeit, unter solch hohen Temperaturwerten zu gedeihen.

### 4.2.2. Die Gondwana-Gebiete

Die Landgebiete der südlichen Hemisphäre können im Jura noch unter dem Begriff Gondwana-Kontinent zusammengefaßt werden, von dem insgesamt nur außerordentlich wenige Floren bekannt sind.

Am bedeutendsten sind wohl die indischen Floren, vor allem die der Rajmahal-Schichten, die vorwiegend in den Dogger einzuordnen sind. In Australien und Neuseeland kommen ebenfalls Pflanzenfossilien der verschiedenen Jura-Abteilungen vor.

Neben der berühmten antarktischen Flora der Hope-Bay, Graham Land, die in den Dogger gestellt wird, machte PLUMSTEAD (1962 und 1963) eine kleine Lias-Flora von Carapace-Nunatak, bekannt.

Von den möglicherweise innerhalb des riesigen Landkomplexes Afrika-Südamerika gewachsenen Pflanzen des Jura sind nur verschwindend wenige Zeugnisse in Randgebieten erhalten geblieben bzw. bekannt geworden. Aus der oberen Trias gibt es dagegen etliche Floren und Pflanzenreste, wie die Molteno-Flora der oberen Gondwana-Schichten (Stormberg-Serien) (DU TOIT 1926, 1927), die Flora der Molteno-Schichten Basutolands (Lesotho) (FABRE & GREBER 1960), die von RANGE (1929) publizierten Coniferen Südwestafrikas, die fossilen Hölzer *Rhexoxylon* und *Tordoxylon* (KRÄUSEL 1956), die südrhodesischen Pflanzen (WALTON 1929) und die pflanzlichen Fossilien, die SEWARD (1903 und 1908) aus den Stormberg-Serien angab.

Aus den Rät-Lias-Übergangsschichten der Kholan-Serie im nördlichen Jemen machten CARPENTIER & LAMARE (1932) eine kleine Flora bekannt. LORCH (1968) beschreibt einige Coniferen aus dem unteren Lias von Maktesh-Ramon, Südisrael. RENNIE (1937) nennt aus den Laven des unteren Jura in Lebombo (Südafrika) *Otozamites* und *Pagiophyllum*-Reste.

Im südlichen Südamerika (Patagonien) wurden liassische Pflanzen in der Umgebung von Piedra Pintada gefunden. Im Raum um Cerro Quadrado und dem Lago San Martin, also noch weiter südlich, solche des oberen Malm.

Die Altersstellung der südlichen Floren ist nicht immer ganz einwandfrei geklärt. Die folgenden sind nach den vorliegenden Angaben zum Lias zu rechnen:

| Nr. | Fundort | Altersstellung | Autor |
|---|---|---|---|
| 68 | Queensland, Australien | | MEDWELL 1954 |
| 69 | Victoria, Australien | | MEDWELL 1954 |
| 70 | Lismore, New-South-Wales, Australien | ? unterer Lias | WALKOM 1919 |
| 71 | Tasmanien | Rät-Lias | TOWNROW 1964 |
| 72 | Lebombo, Südafrika | ? | RENNIE 1937 |
| 73 | Ampassindava, Madagaskar | oberer Lias | PRINCIPE 1940 |
| 74 | Kholan-Serie, nördlicher Jemen | Rät-Lias | CARPENTIER & LAMARE 1932 |
| 75 | Maktesh-Ramon, Südisrael | unterer Lias | LORCH 1968 |
| 76 | Khatangi, Rajmahal, Indien | | SAH 1965 |
| 77 | Piedra Pintada, Argentinien | | HALLE 1913; FRENGUELLI 1941; ORLANDO 1946 |
| 78 | Carapace-Nunatak, Antarktis | oberer Lias? | PLUMSTEAD 1962/1963 |

Die auffälligste Erscheinung bei einem Vergleich der wenigen Floren der südlichen Hemisphäre mit denen der nördlichen ist die verschwindend geringe Anzahl der in beiden Gebieten vorkommenden gleichen Arten.

Wenn auch innerhalb des Gattungsbestands insgesamt eine recht gute Übereinstimmung herrscht, so sind doch einige neue Elemente hinzugetreten. Zu nennen sind vor allem die Pentoxyleae mit der Belaubung *Taeniopteris spathulata* McClell (*Nipaniophyllum raoi*), die im Lias in den Floren des australischen Gebiets, außer in Tasmanien, gefunden wurde. Die Thinnfeldien werden nach Gothan (1912) auf der Südhalbkugel durch die Gattung *Dicroidium* vertreten. Mit *Phyllopteris*, *Microphyllopteris* und *Doratophyllum* werden Formen zum Teil sehr unklarer systematischer Stellung genannt (Medwell 1954; Sah 1965), die auf der Nordhalbkugel nicht auffielen. Lediglich *Doratophyllum* trat in der Flora Ostgrönlands (Harris 1937) in Erscheinung.

Die Dipteridaceae und Matoniaceae mit den im Norden so verbreiteten Gattungen *Thaumatopteris*, *Hausmannia*, *Clathropteris* und *Phlebopteris* fehlen in den Floren der Südhemisphäre fast völlig, die einzigen Ausnahmen bilden die Flora des nördlichen Jemen, von wo eine *Dictyophyllum*- und eine *Phlebopteris*-Art sowie die von Piedra Pintada, Argentinien, wovon ebenfalls eine *Phlebopteris* sp. bekanntgemacht wurde (Carpentier & Lamare 1932; Halle 1913). Mit *Cladophlebis australis* wurde diese in der Nordhalbkugel so bestimmende Gattung vorwiegend durch eine von dort unbekannte Art vertreten.

An Coniferen sind neben *Araucarites* und *Elatocladus* mit *Brachyphyllum* und *Pagiophyllum* fast ausschließlich schuppenblättrige Formen gefunden worden, die Vertreter der Pinaceae (z. B. *Pityophyllum*) sind in den Florenfundorten des Gondwana-Kontinents unbekannt. Selbst die Gattung *Podozamites*, die sich auf der Nordhalbkugel mit fast jedem Standort abzufinden schien, gab es hier nicht. Unter den Ginkgophyten, von denen in Australien einige wenige Vertreter vorkommen, fehlt *Phoenicopsis* völlig.

#### 4.2.2.1. Australien

Betrachtet man die Floren im einzelnen, so ist für die australischen Floren die Armut an Cycadophyta kennzeichnend. Während sie bis auf *Taeniopteris*-Arten, die in allen vier australischen Floren vertreten sind, in der am weitesten südlich gelegenen tasmanischen Flora völlig fehlen, gab es in Queensland *Doratophyllum tenison-woodsi*. In Victoria kam eine *Nilssonia* sp. vor. Neben einigen Ginkgophyten setzen sich die australischen Floren vorwiegend aus Coniferen, *Cladophlebis australis*, *Osmundites* und einigen anderen Filicales und *Equisetites* zusammen. In allen kommt *Dicroidium* vor. Aus Victoria wurden von Medwell (1954) außerdem *Thinnfeldia pinnata* Walkom und *Thinnfeldia mccoyi* Seward angegeben, was der Angabe von Gothan über die *Thinnfeldia-Dicroidium*-Verbreitung zu widersprechen scheint. Allerdings waren die Reste dieser Pflanzen, wie aus den Abbildungen hervorgeht, klein und offenbar wenig gut erhalten, so daß eine eindeutige Zuordnung kaum möglich war. Die tasmanische Flora entspricht in ihrem Charakter den australischen, wobei die Farne in Tasmanien etwas zahlreicher entwickelt sind. Die Ausbildung von Jahresringen bei den tasmanischen Holzgewächsen des Jura und die recht kleine Beblätterung der Dicroidien deutet Townrow (1964) als Auswirkungen eines kühleren Klimas.

#### 4.2.2.2. Indien

Sah (1965) veröffentlichte mit den Pflanzen des Khatangi-Horizonts, die er dem Lias zuordnete, wohl die ältesten Vertreter der Rajmahal-Flora. In Khatangi herrschten die Cycadophyten vor, unter ihnen erschien *Ptilophyllum acutifolium* erstmalig im indischen

Florengebiet. Die Filicales sind zwar artenmäßig vorhanden gewesen, aber weit weniger häufig und nicht so reich ausgebildet wie die Cycadophyten. Die Coniferen wurden sehr spärlich durch die einzige Art *Elatocladus conferta* vertreten. Interessant ist das Vorkommen von *Gleichenites gleichenioides* in dieser Flora. Die Florenzusammensetzung macht recht hohe Temperaturen in diesem Gebiet wahrscheinlich.

#### 4.2.2.3. Afrika und Vorderasien

Die von PRINCIPE (1940) aufgezählten Arten der madagassischen Flora lassen sich sehr schwer ausdeuten. Mit *Pagiophyllum* und *Brachyphyllum* sowie *Thuites* waren schuppenblättrige Coniferen vorhanden. Als Farne werden *Klukia* sp. und *Scleropteris* sp. angegeben. Ein *Equisetites* einer im Norden unbekannten Art wuchs hier ebenfalls. Die übrigen Formen sind *Yuccites*, *Protopteris* und *Sphenolepidium*.

Viel ausgeprägter ist der Charakter der von LORCH gegebenen kleinen südisraelitischen Coniferen-Flora. Die *Brachyphyllum*-Arten verbinden Schuppenblättrigkeit mit Xeromorphie. Nur eine der genannten Arten ist nach LORCH (1968) offenbar hygrophil gewesen und wuchs möglicherweise im Unterholz. Sicher war starke Sonneneinwirkung an der Auslese der Pflanzen dieses Standorts beteiligt. Die Florula des Jemen mit drei Farnarten, unter ihnen *Dictyophyllum* und einem *Pagiophyllum*, wuchs wohl unter feuchteren Bedingungen.

#### 4.2.2.4. Antarktis

Für die kleine antarktische Lias-Flora von Carapace-Nunatak gab PLUMSTEAD (1963) eine ausführliche Einschätzung. Sie räumt die Möglichkeit ein, daß diese Pflanzen an warmen Quellen eingebettet wurden. Außer einigen Stämmen sowie *Otozamites* sind Vertreter der drei Coniferen-Gattungen *Brachyphyllum*, *Pagiophyllum* und *Elatocladus* mit sehr schmalen, schuppigen Blättchen vorhanden. Die Anwesenheit von *Otozamites*, das in den australischen Floren nicht vorkommt, läßt auf günstigere Bedingungen als dort schließen. In Südafrika wurde nach RENNIE (1937) neben *Pagiophyllum* ebenfalls ein *Otozamites* gefunden.

#### 4.2.2.5. Südamerika

In Südamerika konzentrieren sich die Florenfundpunkte des Lias auf das südliche Argentinien. Von einem Fundort bei 49° 30′ südlicher Breite und 69° 30′ westlicher Länge nannte BERRY (1924) als einziges pflanzliches Fossil eine Zapfenschuppe, die zu *Araucarites* gerechnet werden könnte. Etwas nördlicher, bei Piedra Pintada wurde eine Flora gefunden, die nach HALLE (1913) vier *Otozamites*-Arten, *Brachyphyllum* und *Dictyophyllum* sowie eine *Dicroidium*-ähnliche Art enthielt. FRENGUELLI (1941) nannte von der gleichen Fundstelle, die nahe der Küste gelegen war, neben *Camptopteris*-Arten *Linguifolium* und *Sagenopteris*. Nach ORLANDO (1946) gab es außerdem *Equisetites* in Piedra Pintada.

#### 4.2.2.6. Zusammenfassung Gondwana-Gebiete

Im östlichen Teil des Gondwana-Kontinents läßt sich aus der Verbreitung der Cycadophyten und Ginkgophyten sowie von *Brachyphyllum* auf eine temperaturabhängige Nord-Süd-Abstufung und besonders warmes Klima in den nördlicheren Gebieten schließen. Nicht eindeutig kann die Frage nach dem Feuchtigkeitsangebot beantwortet werden. Wenngleich Equisetales und in Victoria sogar Moose vorhanden gewesen sind, so sprechen doch die vielen schuppenblättrigen Coniferen, die lederartig anmutende Belaubung von *Dicroidium*, die teilweise zu beobachtende Kleinblättrigkeit sowie das Fehlen größerer Kohlenbildungen für wenigstens zeitweise geringere Niederschläge.

Perioden der Vegetationsruhe, die Ursache von Jahresringbildungen sind, könnten unter anderem durch Trockenzeiten erzwungen worden sein. Da für den westlichen Teil des Gondwana-Kontinents zu wenige Floren ausgewertet werden können, sind zur Frage der Nord-Süd-Unterschiede in diesem Teil der Erde keine Aussagen möglich. Wenn man die wenigen erhaltenen Florenreste von der südlichen Halbkugel mit der Fülle der indoeuropäischen und sibirischen Jura-Floren vergleicht, so erhebt sich die Frage nach den Ursachen dieser Verhältnisse.

Möglich ist, daß in den riesigen, oft unzugänglichen oder wüstenartigen Gebieten noch Floren verborgen liegen. Überprüft man nun die Entwicklung der Landtierwelt jener Regionen, so fällt auf, daß aus dem Lias und Dogger keine Saurierfunde angegeben werden (Nopsca 1934). Erst im Oxford Madagaskars wurde mit *Bothriospondylus* (Huene 1927) ein riesiger Sauropode gefunden. Im obersten Jura treten Saurier in Ostafrika (Tendaguru-Schichten) wieder auf. Aus fast der gleichen Zeit stammen die Ausgrabungen in den Morrisson-Schichten Nordamerikas.

Diese Befunde sprechen für Vegetationsarmut, besonders innerhalb des südamerikanisch-afrikanischen Komplexes während des unteren und mittleren Jura. Möglich ist, daß die mächtigen Lavaausbrüche und Deckenergüsse sowie die dabei auftretenden Begleiterscheinungen die Entwicklung einer Flora und Fauna zu jener Zeit verhinderten.

Die Ablagerungen der obersten Gondwana-Schichten jener Gebiete enthalten neben den Produkten der vulkanischen Vorgänge die Zeugnisse ausgedehnter und langanhaltender Wüstenbildungen. Danach kann ebenfalls auf ein der Vegetationsausbildung abträgliches Trockenklima geschlossen werden.

Bereits aus den wenigen im Lias vorhandenen Floren der Südhemisphäre zeigt sich ihre Sonderstellung gegenüber denen der Nordhalbkugel. Die Unterschiedlichkeit der Arten und die einzelnen neuen Elemente in den Floren des Gondwana-Kontinents lassen eine deutliche Trennung zwischen den nördlichen und südlichen Floren erkennen. Diese könnte sich vielleicht aus klimatischen Besonderheiten erklären lassen, ist aber viel wahrscheinlicher als Folge einer geographischen Isolierung aufzufassen. Als Verbreitungshindernisse können demnach die Tethys als breites Trennmeer im Sinne von Rutten (1964) bzw. ein zwischen Nord und Süd liegender und für die Jura-Pflanzen unpassierbarer Wüstengürtel gewirkt haben.

## 4.3. Die Floren des Dogger

Anknüpfend an die Untersuchung der Floren des Lias ist zu klären, inwieweit und wodurch sich die Dogger-Floren von ihren Vorgängern unterscheiden. Es ist die Frage zu beantworten, ob im Dogger ebenfalls Nord-Süd-Unterschiede spürbar sind und auch in dieser Jura-Abteilung Beeinflussungen der Floren durch ozeanische oder kontinentale klimatische Bedingungen bzw. besondere Standortverhältnisse zu bemerken sind. Die Floren der Südhalbkugel müssen auf ihren Aussagewert zum Problem einer Sonderstellung der Gondwana-Gebiete überprüft werden.

Die Betrachtung der Dogger-Floren geschieht in den gleichen Teilgebieten wie im Lias, die etwa den pflanzengeographischen Regionen bzw. Provinzen von Vachrameev entsprechen.

### 4.3.1. Nördliche Hemisphäre

#### 4.3.1.1. Europa

Die Anordnung der Floren erfolgt im Hinblick auf die Fragestellung möglichst von Nord nach Süd bzw. von West nach Ost fortschreitend:

| Nr. | Fundort | Altersstellung | Autor |
|---|---|---|---|
| 1 | Andö, Norwegen | ? | Johannson 1920 |
| 2 | Trondheimsfjord, Norwegen | Bathonien | Vigran 1970 |
| 3 | Brora, Sutherland, Schottland | Bathonien | Stopes 1907; Harris 1966 |

| Nr. | Fundort | | Altersstellung | Autor |
|---|---|---|---|---|
| 4 | Sarthe-Distrikt, Normandie, Frankreich | | | VACHRAMEEV 1964 |
| 5 | Yorkshire 1, untere | Delta-Serie | unteres Bathonien | THOMAS 1913 |
| 6 | Yorkshire 2, mittlere | Delta-Serie | | BLACK 1929; HARRIS 1961–1964 |
| 7 | Yorkshire 3, obere England | Delta-Serie | Bajocien/Bathonien | BLACK 1929; HARRIS 1961 |
| 8 | Gesamtflora, Yorkshire, England | | | HARRIS 1961–1964 |
| 9 | Eriksdal, Schonen, Schweden | | Bajocien/Bathonien | TRALAU 1968 |
| 10 | Eriksdal, Schonen, Schweden | | Bathonien | TRALAU 1966 |
| 11 | Bagaa, Bornholm, Dänemark | | Dogger? | BARTHOLIN 1892–1894 |
| 12 | Sardinien, Italien | | | KRASSER 1920; EDWARDS 1929 |
| 13 | Lwow-Becken, UdSSR | | | VACHRAMEEV 1964 |
| 14 | Krim, UdSSR | | | VACHRAMEEV 1964 |
| 15 | Donez-Becken, UdSSR | | | VACHRAMEEV 1964 |
| 16 | Westkaukasus, UdSSR | | | VACHRAMEEV 1964 |
| 17 | Mittelkaukasus, UdSSR | | | VACHRAMEEV 1964 |
| 18 | Dagestanische ASSR, UdSSR | | | VACHRAMEEV 1964 |
| 19 | Aserbaidshanische SSR, UdSSR | | | VACHRAMEEV 1964 |

Abb. 5. Paläogeographie des Dogger

Die drei nördlichsten Florenfundpunkte Europas lieferten Pflanzenreste von nur wenigen Arten in sehr schlechtem Erhaltungszustand. Zum Teil stammen die Bestimmungen aus Kutikularanalysen. Zwar kann die Armut dieser Floren auf ihre Allochthonie zurückzuführen sein, doch zeigen sie weitere Merkmale, die für nördliche Standorte charakteristisch sind. In Andö gibt es kein Zeugnis für das Vorhandensein von Cycadophyten, in Brora und am Trondheimsfjord zwar häufige Reste von *Pterophyllum*-Kutikulen, doch nur spärliche Überbleibsel weniger anderer Formen. Im

Vorkommen von *Farndalea fragilis* Bose stimmen die beiden letzteren Floren gleichfalls überein. Vigran (1970) weist auf eine deutliche Xeromorphie der von Trondheim untersuchten Kutikulen hin. Der Mangel an Farnen — nur in Brora gibt es *Cladophlebis* und *Coniopteris* — ist auffällig. Die schuppenblättrigen Coniferen sind in Brora mit *Cheirolepis* vertreten. In der Trondheimsfjord-Flora, die von allen europäischen Floren am weitesten ins Land hinein vorgeschoben ist, gibt es lediglich *Elatocladus*. *Brachyphyllum* kommt in Andö, als der nördlichsten der europäischen Floren vor, daneben *Pityophyllum* und von den Ginkgophyten *Phoenicopsis*. Auf Grund ihrer Artenzusammensetzung erinnert diese Flora an die Floren der sibirischen Region. An allen Fundpunkten sind Ginkgophyten vertreten, doch mit geringem Anteil.

Den artenarmen nördlichen Floren steht die nur wenige Breitengrade südlicher gelegene Yorkshire-Flora mit ihrer Formenfülle gegenüber. Über diese wohl berühmteste Jura-Flora gibt es in der paläobotanischen Literatur unzählige Veröffentlichungen. Überblickt man die Gesamtheit der Yorkshire-Arten, die von Harris (1961—1964) zusammenfassend beschrieben wurden, offenbaren sich der Artenreichtum und die Formenmannigfaltigkeit einer Flora unter optimalen Wachstumsbedingungen. Diese Flora wuchs ähnlich wie die von Ostgrönland an einem Flußdelta. Wie jene baut sie sich aus mehreren Horizonten auf, die als untere, mittlere und obere Delta-Serien bezeichnet werden. Marine Zwischenlagen trennen die einzelnen Pflanzenschichten und zeigen das wechselvolle Verhalten der Strandlinie an.

Das Delta muß sehr ausgedehnt gewesen sein, denn die Fundpunkte verteilen sich über ein größeres Gebiet.

Die Ablagerungsverhältnisse wurden von Black u. a. (1934) sehr anschaulich dargestellt und auf die teilweise gemeinsam erfolgte Einbettung autochthoner und allochthoner Florenbestandteile aufmerksam gemacht. Die in unmittelbar aufeinander folgenden Zeiten entstandenen Horizonte weisen in ihrer Zusammensetzung auf unterschiedliche klimatische Bedingungen hin. Die untere Delta-Serie enthält vor allem Filicales und Cycadophyten in großer Fülle und vielen Arten, unter ihnen zahlreiche Bennettiteen-Infloreszenzen und *Ptilophyllum*. Häufig sind Vertreter der Marattiaceae und Matoniaceae, weniger der Dipteridaceae (Harris 1961), daneben sind die Cyatheaceae, insbesondere die Art *Coniopteris hymenophylloides* vorherrschend. *Thinnfeldia* und *Sagenopteris* kommen ebenfalls vor.

In den mittleren Delta-Schichten gibt es neben den Bennettitales und den baumförmigen Farnen vom *Coniopteris*-Typ zahlreiche Ginkgophyten und Coniferen. Die interessantesten Funde sind hier die Caytoniales *Gristhorpia* und *Caytonia*.

Die obere Delta-Serie enthält weniger Cycadophyten. In der von Black (1929) veröffentlichten Liste sind nur noch *Otozamites* und *Ptilophyllum* vertreten. Von den in den übrigen Schichten reichlichst entwickelten Equiseten ist lediglich noch *Equisetum beani* übriggeblieben (Harris 1961). Die Farne sind ebenfalls bis auf wenige Vertreter verschwunden. Die Ginkgophyten, vor allem *Baiera*-Arten, bilden die Hauptmasse der Florenreste. Mit *Araucarites*, *Brachyphyllum* und *Pagiophyllum* sind nur schuppenblättrige Coniferen anwesend. *Sagenopteris* und *Thinnfeldia* fehlen dagegen nicht. Auffällig ist, daß besonders die Pflanzen der oberen Delta-Schicht in deutlich getrennten Einbettungsgemeinschaften, die ökologisch verschieden gearteten Standorten entsprechen könnten, gefunden wurden. Black (1929) unterschied innerhalb der allochthonen Lager solche mit vorwiegend Cycadophyten-Resten und andere mit nur *Ginkgo*-Blättern, Coniferen und Farnen. Die autochthonen Einbettungsgemeinschaften bestehen in dieser Schicht vorherrschend aus *Equisetites* und *Coniopteris*. Harris (1966) betont, daß in der oberen Delta-Serie nicht von Kohlenbildung gesprochen werden kann. Die vorhandenen Kohlenschichten stammen aus den unteren und mittleren Schichten. All dies verweist auf eine deutliche Verarmung der Flora in den obersten Horizonten des Bathonien.

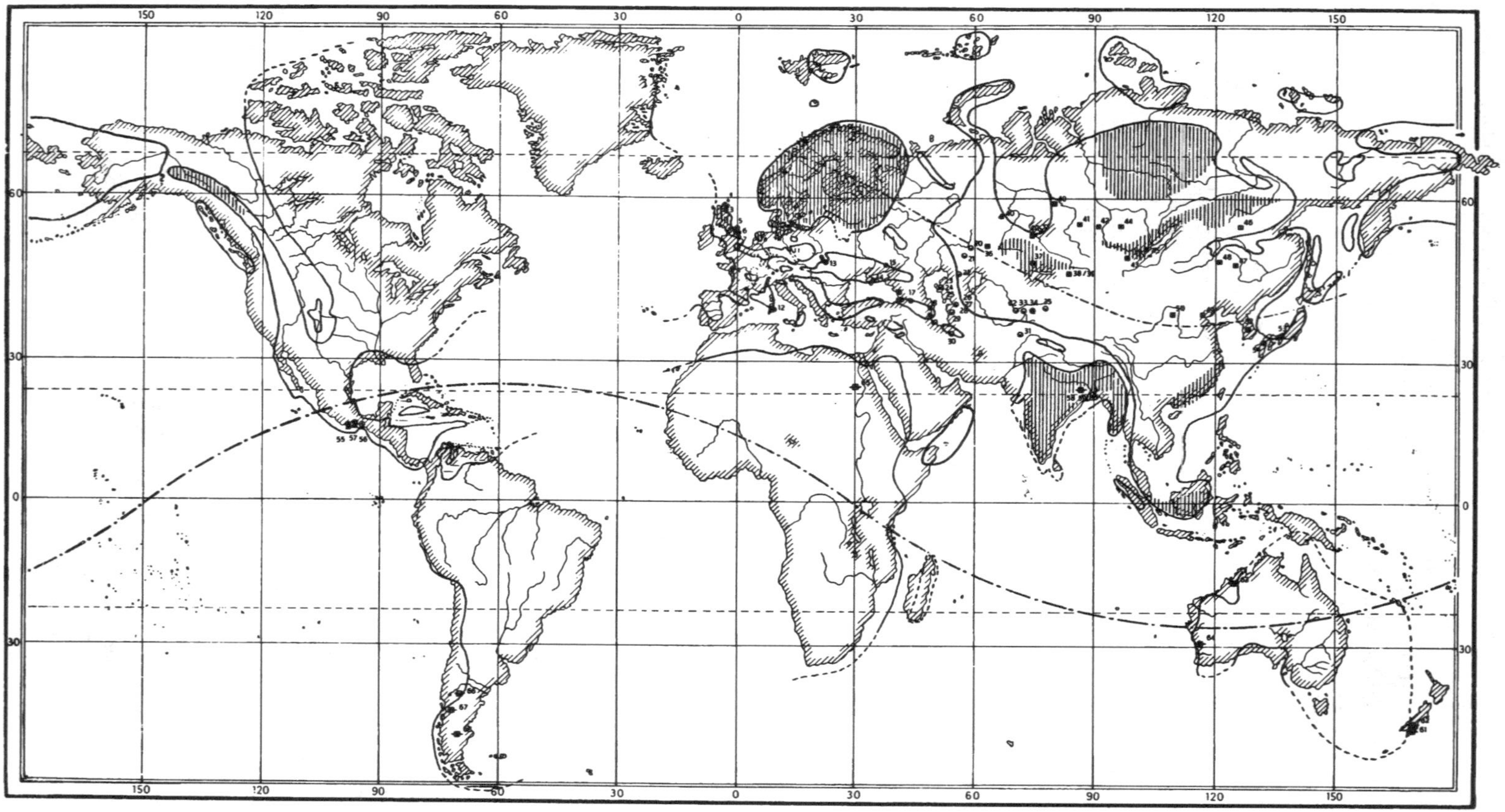

Abb. 6. Fundstellen der Floren des Dogger (Welt)

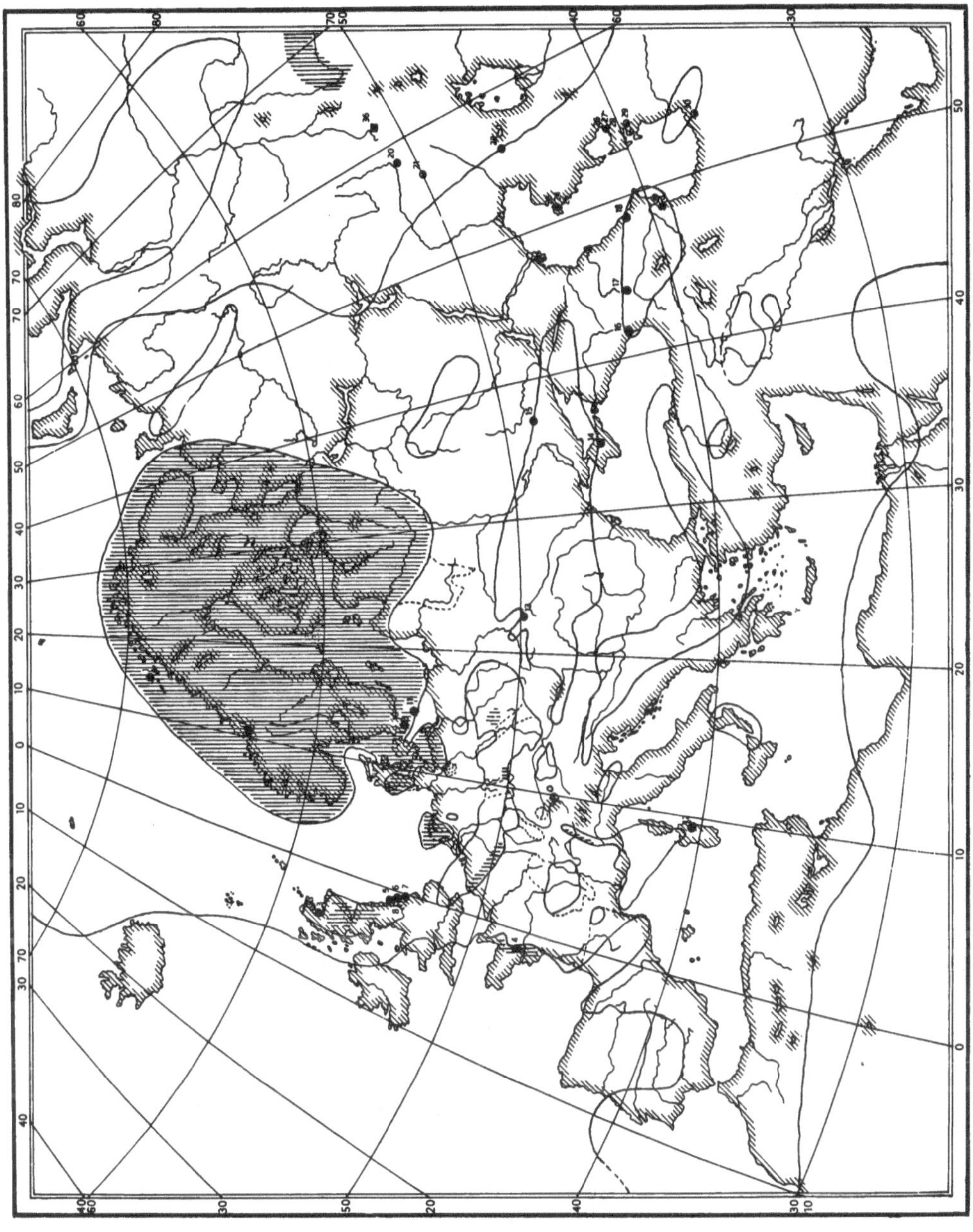

Abb. 7. Fundstellen der Floren des Dogger (Europa)

Die Flora von Eriksdal wurde an zwei getrennten Stellen gefunden. Die Aufsammlungen unterscheiden sich deutlich voneinander. Die Arten der Flora Nr. 9 werden von TRALAU (1968) altersmäßig zwischen Bajocien und Bathonien eingeordnet. Diese Fundstelle lieferte neben anderen eine große Anzahl Farne, unter ihnen *Marattiopsis* und *Hausmannia* sowie *Coniopteris*-Arten. Drei Formen von *Nilssonia* und eine *Ctenis* kamen vor. Die nach ihrer Lage etwas jüngere Flora Nr. 10 besitzt dagegen keine Dipteridaceae und keine Cycadophyten, sondern nur Farne der Familie Cyatheaceae, Ginkgophyten und Coniferen, unter ihnen neben *Elatocladus* eine Form von *Pityophyllum*. Diese Zusammensetzung weist auf etwas kühleres Klima zur Zeit ihres Wachstums gegenüber dem davorliegenden Abschnitt.

Die Altersstellung der Flora von Bagaa, Bornholm, ist nicht ganz eindeutig zu definieren. Nach der Aufstellung BARTHOLINS (1910) sind in Bagaa sowohl Pflanzen rätischen Charakters als auch solche, die anderenorts im unteren Oolith vorkommen, in dieser Flora vereinigt. Möglicherweise haben hier, ähnlich wie in Schonen, verschiedene Horizonte vorgelegen, was allerdings aus der BARTHOLINschen Veröffentlichung nicht klar hervorgeht. Das Auftreten mehrerer *Otozamites* und von *Marattiopsis* ist für die europäischen Dogger-Floren charakteristisch. Mit verschiedenen *Pagiophyllum*-Formen sind schuppenblättrige Coniferen anwesend gewesen. Je weiter südlich die Floren angetroffen werden, desto höher steigt im Verhältnis zu den anderen Arten ihr Cycadophyten-Anteil. Dies zeigt sich in der Normandie, wo außerdem *Brachyphyllum* aber keine Ginkgophyten vorhanden waren. Mit *Lomatopteris* tritt eine neue Pteridospermen-Gattung auf.

Ganz ähnlich ist die Flora Sardiniens ausgebildet: viele Cycadophyten, unter ihnen *Williamsonia* und mehrere *Ptilophyllum*, wenige Ginkgophyten, an Farnen nur *Coniopteris hymenophylloides*, dazu *Brachyphyllum*, *Pagiophyllum*, *Sagenopteris* und die seltene *Pachypteris*.

Während im gesamten Jura der VR Bulgarien mit *Zamites feneonis* BRGNT. (TENČOV & ČERNJAVSKA 1965) nur eine einzige Pflanze vorkommt, sind im südöstlichen Europa im Dogger eine Anzahl sich untereinander in mancher Beziehung ähnelnder Floren gewachsen. Die Pflanzengemeinschaften der Krim, des Donez-Beckens, des westlichen und mittleren Kaukasus sowie der Dagestanischen ASSR zeigen eine große Artenvielfalt an Farnen und Cycadophyten, besitzen aber wenige Ginkgophyten. Unter den Farngewächsen fällt der Reichtum an *Thaumatopteris*, *Clathropteris*, *Dictyophyllum* und *Marattiopsis* auf, daneben gibt es *Coniopteris hymenophylloides*. *Sagenopteris* ist fast überall vertreten. Die Coniferen sind vorwiegend in ihren schuppenblättrigen Formen anwesend, unter ihnen *Araucarites*, lediglich im Donez-Becken findet sich *Pityophyllum*; in den Callovien-Schichten dieser Flora ist *Brachyphyllum* die einzige Pflanze.

Abweichend von diesen südlichen Floren besitzt die des Lwow-Beckens nur einen Farn. Neben den auch hier reichlich entwickelten Bennettitales, besonders der Gattung *Ptilophyllum*, kommen *Phoenicopsis* und *Pityophyllum*, ferner *Sagenopteris* und *Brachyphyllum* vor. Ein neues Element ist die Gattung *Sciadopitytis* unter den Coniferen.

In der noch weiter südöstlich gelegenen Flora der Aserbaidshanischen SSR gibt es ebenfalls nicht mehr so viele Farngewächse, nur einen Ginkgophyten und *Cupressinoxylon*. Statt *Sagenopteris nilssoniana*, die im Lias vorherrschte, ist im Dogger *Sagenopteris phillipsi* die verbreitetste Art. Aus dem Callovien des nördlichen Kaukasus nennt VACHRAMEEV das Wachstum von *Pachypteris lanceolata*. Nach ihm reichen die grusinischen Floren bis in das Callovien.

VACHRAMEEV kennzeichnete unter anderem das häufige Auftreten von *Coniopteris* und die weite Verbreitung von *Ptilophyllum* als Merkmale für die europäische Dogger-Provinz. Die Gattung *Ptilophyllum* gab es im Lias nur in südlichster Lage, *Coniopteris* lediglich in den Kontinental-Floren der östlichen Gebiete, für die mindestens zeitweise sehr hohe Temperaturen wahrscheinlich waren.

Die Ausbreitung solcher wärmeliebenden Gattungen nach Norden bzw. Westen in bisher von ihnen nicht besiedelte Räume spricht für einen fühlbaren Temperaturanstieg im Verlauf des Dogger. Auch die Zusammensetzung der Floren als Ganzes, bis in die nördlichsten Verbreitungsgebiete, spiegelt eine solche Klimaänderung wider. Mit dieser Beobachtung stehen die Temperaturangaben, die von FRITZ (1965) aus der Untersuchung von Belemniten-Rostren nach der $O^{16}/O^{18}$-Methode gewonnen wurden, in deutlichem Einklang. Die Erwärmung beginnt im oberen Lias und erreicht im unteren Dogger Mitteleuropas Höchstwerte bis 28,3 °C Meerwassertemperatur. Nach einer kurzen kühleren Periode im Dogger steigen die Werte wieder an, um im Malm erneut 26°—28 °C (BOWEN 1961) zu erreichen. Die Abkühlungsperiode kann möglicherweise für die Zunahme des Ginkgophyten- und Coniferen-Anteils und das Zurücktreten der Matoniaceen und Dipteridaceen in den Mittelschichten der Yorkshire-Flora verantwortlich gemacht werden. Gegen Ende des Bathonien weisen die Floren auf den erneuten Temperaturanstieg, doch unter arideren Bedingungen. Die Verarmung der Floren des oberen Bathonien und die Seltenheit von Floren des Callovien ist wahrscheinlich die Folge des Temperaturanstiegs bei die Verdunstung nicht mehr aufwiegendem Feuchtigkeitsangebot. Nach SINIZIN (1966) erreichte die Jura-Kohlenbildung im Westen und Süden der UdSSR im Verlauf des Bathonien ihren Höhepunkt. Im Oxford und Kimmeridge wurde nur noch im Norden und Nordosten des asiatischen Kontinents Kohle abgelagert. Trotz der Erwärmung, die so stark war, daß sie auch die Floren Europas, die, wie aus den paläogeographischen Karten ersichtlich, im Dogger ähnlich wie im Lias vorwiegend in Küstenlage wuchsen, beeinflußte, gab es Unterschiede zwischen den südlichen und nördlichen Floren. Sie waren zwar weniger als im Lias spürbar, sind zudem zum Teil auf die unterschiedliche zeitliche Einordnung der Floren rückführbar, doch läßt sich ablesen, daß im ozeanischen Dogger-Europa eine Klimazonierung vorhanden war.

#### 4.3.1.2. Mittelasien

| Nr. | Fundort | Altersstellung | Autor |
|---|---|---|---|
| 20 | Südural, UdSSR | Dogger | VACHRAMEEV 1964 |
| 21 | Ilek, UdSSR | Dogger | |
| 22 | Emba, UdSSR | Dogger | |
| 23 | Mangyschlak, unterer Horizont, UdSSR | Dogger | |
| 24 | Mangyschlak, mittlerer Horizont, UdSSR | Dogger | |
| 25 | Mangyschlak, oberer Horizont, UdSSR | Dogger | |
| 26 | Tuarkyr, unterer Horizont, UdSSR | Dogger | |
| 27 | Tuarkyr, mittlerer Horizont, UdSSR | Dogger | |
| 28 | Tuarkyr, oberer Horizont, UdSSR | Dogger | |
| 29 | Jagman, UdSSR | Dogger | |
| 30 | Alborz-Gebirge, Nordiran | Bathonien | BARNARD 1968 |
| 31 | Ishpushta-Tal, Afghanistan | Dogger | JACOB 1950; BENDA 1964 |
| 32 | Hissar-Gebirge, UdSSR | Dogger | VACHRAMEEV 1964 |
| 33 | Fan-Jangob, UdSSR | Dogger | |
| 34 | Südfergana, UdSSR | Dogger | |
| 35 | Ostfergana, UdSSR | Dogger | |

Eng an die Floren des Kaukasus lassen sich die des westlichen Mittelasien anschließen. Der Reichtum an Farnen in den Floren Mangyschlaks, Tuarkyrs und Jagmans kommt dem der kaukasischen gleich. Auch hier wuchsen unter den Filices *Marattiopsis*, *Thau-*

*matopteris, Hausmannia* und *Phlebopteris,* während *Dictyophyllum* nicht mehr gefunden wurde. Den Hauptanteil stellten die baumförmigen *Coniopteris-* und die *Cladophlebis*-Arten. Neu ist die Art *Raphaelia diamensis* Sew, die im Lias der sibirischen Provinz zuerst auftrat. Die südwesteuropäische Artenvielfalt an Cycadophyten wurde in diesen Floren nicht mehr ganz erreicht, es waren vorwiegend die Nilssonien, die sich in viele Formen aufgespalten haben, wogegen die in Europa so artenreiche Gattung *Otozamites* stark zurückgetreten ist. Unter den Coniferen herrschte *Pityophyllum* vor, daneben gab es *Brachyphyllum. Podozamites* scheint sich unter den gegebenen Klimabedingungen wohlgefühlt zu haben und entwickelte zahlreiche Varietäten.

Der Standort der am Ostrand des Kaspischen Meeres gefundenen Floren fällt in den paläogeographischen Karten in Meeresgebiete. Dies rührt daher, daß in den Karten der Höchststand der Meeresverbreitung im Dogger wiedergegeben wird, der zur Zeit des Florenwachstums noch nicht erreicht war.

Die Floren Mangyschlaks und Tuarkyrs sind in drei Horizonten abgelagert, die sich jedoch nicht so deutlich voneinander unterscheiden wie die von Yorkshire. Bemerkbar ist, daß in den oberen Schichten die Dipteridaceen seltener werden und *Phlebopteris* fortschreitend stark zurückgeht. Dafür tritt *Pachypteris* vereinzelt auf. Im obersten Horizont ist *Gleichenia* in allen drei Floren vertreten.

Die Ginkgophyten nehmen in Mangyschlak in den beiden oberen Horizonten an Artenanzahl zu, in Tuarkyr ist ein starkes Ansteigen in der mittleren Lage zu beobachten, in der obersten fehlen sie ebenso wie in der am weitesten südlich gelegenen Flora von Jagman völlig.

*Sagenopteris* ist in Tuarkyr und in Mangyschlak nur in den unteren Schichten vertreten.

Auf die reiche Entwicklung der Floren dieses heute so trockenen Gebiets im Dogger hatte sicher ihre Lage am Rande eines riesigen Kohlenbildungsgebiets und damit starker Feuchtigkeitsüberschuß Einfluß. Möglicherweise ist dies der Grund für das seltene Vorkommen schuppenblättriger Coniferen in diesen Floren.

Die Abnahme der Ginkgophyten und der Dipteridaceen kann als Zeichen einer bis hierher spürbaren Erwärmung ausgelegt werden.

Die übrigen Floren Mittelasiens zeigen eine ähnliche Zusammensetzung wie die des Kaspischen Raums. Sie sind reich an Farnen, allerdings sind Dipteridaceen und Matoniaceen viel seltener anzutreffen. Sowohl nach Osten als auch nach Norden, also in Richtung der kontinentaleren Gebiete, nimmt, mit Ausnahme der Flora des Südurals, die Anzahl der Cycadophyten-Arten ab. *Sagenopteris* kommt nur im Hissar-Gebirge und in Südfergana vor. Die Lias-Art *Sagenopteris nilssoniana* wurde von *Sagenopteris phillipsi* abgelöst. *Brachyphyllum* und *Araucarites* blieben auf diese beiden Floren beschränkt. Die Flora des Hissar-Gebirges setzte sich in die Callovien-Schichten fort. In diesem Horizont ist neben den Coniferen besonders das Auftreten von *Gleichenites* und *Pachypteris* charakteristisch.

In der Flora der Saighan-Serien in Afghanistan dagegen gediehen unter ozeanischem Einfluß und in sehr südlicher Lage Cycadophyten und Filicales sowie Caytoniales und Coniferen — unter ihnen schuppenblättrige Formen — in großer Üppigkeit. Einzig die Ginkgoales erreichen nicht die in den nördlicheren Floren zu beobachtende Formenfülle. Von der südlichsten mittelasiatischen Fundstelle im Alborz-Gebirge konnte Barnard (1968) als einzige Pflanze aus einer Schicht des Dogger ein *Brachyphyllum* angeben.

Die für die Nordlage außergewöhnliche Anzahl an Cycadophyten, die mit ihnen zusammen vorkommenden vielen Ginkgophyten-Arten und deren zahlreiche Varietäten, neben ähnlich vielen Filicales und Coniferophyta in der Flora des Südural, kann nur durch besonders günstige lokale Bedingungen erklärt werden. Die vorhandenen schuppenblättrigen Coniferen lassen an ozeanischen Einfluß denken. Die etwas weiter südwestlich gelegene Ilek-Flora besitzt dagegen weit weniger Arten und erinnert im Aufbau und durch den Besitz von *Gleichenites* an die oberen Horizonte der südöstlichen Floren, mit denen sie möglicherweise altersgleich ist, während die Südural-Flora etwas älter zu sein scheint.

#### 4.3.1.3. Sibirien und Nordteil der VR China

| Nr. | Fundort | Altersstellung | Autor |
|---|---|---|---|
| 36 | Turgai, UdSSR | Dogger | VACHRAMEEV 1964 |
| 37 | Karaganda, UdSSR | Dogger | |
| 38 | Maikjuben, unterer Horizont, UdSSR | Dogger | |
| 39 | Maikjuben, oberer Horizont, UdSSR | Dogger | |
| 40 | Westsibirien, UdSSR | Dogger | |
| 41 | Kusnezk, UdSSR | Dogger | |
| 42 | Tschulym-Jenissei, UdSSR | Dogger | |
| 43 | Tuwa, UdSSR | Dogger | |
| 44 | Kansk, UdSSR | Dogger | |
| 45 | Irkutsk, UdSSR | Dogger | |
| 46 | Südjakutien, UdSSR | Dogger | |
| 47 | Mandschurei, VR China | Dogger | YABE & OISHI 1933 |
| 48 | Chalai-Nor, VR China | Dogger | OISHI & TOYAMA 1935 |
| 49 | Umgebung von Peking, VR China | Dogger | VACHRAMEEV 1964 |
| 50 | Hoang-ho-Gebiet, VR China | Dogger | VACHRAMEEV 1964 |
| 51 | Kap Boheman, Spitzbergen | Dogger? | NATHORST 1897 |

Die Floren des riesigen nordasiatischen Gebiets sind im Dogger in ihrer Zusammensetzung recht einheitlich aufgebaut und unterscheiden sich wenig von ihren Vorgängern im Lias. Allerdings wird, vor allem im Westen der sibirischen Region, die stärkere Ausbreitung des Meeres spürbar. Die Floren, die nahe der Küste des großen Meeresvorstoßes von Norden her liegen, zeigen mit dem Besitz von *Sagenopteris* (Floren-Nr. 40) ozeanische Einflüsse. In diesen Floren ist trotz der nördlichen Lage eine verstärkte Anwesenheit von Cycadophyten zu beobachten. Neben mehreren Nilssonien kommt *Anomozamites* und als Vorläufer ihrer späteren Verbreitung die Art *Tyrmia polynovii* (NOVOPOKR.) PRYN. vor. Die Flora von Turgai (Nr. 36), die VACHRAMEEV auf Grund ihrer Zusammensetzung zur sibirischen Region rechnet, zeigt deutlichen Übergangscharakter. Die Anwesenheit von *Sagenopteris ilekensis* BRICK könnte eventuell als weitreichender ozeanischer Einfluß angesehen werden. Die übrigen Floren setzen sich vorwiegend aus Equiseten, Filicales, Ginkgophyten und Coniferen zusammen. Unter den Farngewächsen überwiegen *Coniopteris*-Arten und *Cladophlebis*. Die ebenfalls in Mittelasien nachgewiesene *Raphaelia* tritt hier öfter auf. Auch Cycadophyten sind in den Dogger-Floren vorhanden. Im Vergleich zu den Lias-Floren sind sie jetzt im sibirischen Raum häufiger. In der am weitesten östlich gelegenen Flora des südjakutischen Beckens macht sich mit dem Vorkommen von *Brachyphyllum* der Einfluß eines südlich gelegenen Meeresarms geltend. Im Kontinentalraum selbst kommen dagegen weder *Sagenopteris* noch *Brachyphyllum* vor.

In ihrer Gesamtheit, mit der stärkeren Ausbildung der Farne, dem gelegentlichen Vorkommen von *Phlebopteris*, *Hausmannia* und sogar *Clathropteris*, den etwas häufiger vertretenen Cycadophyten und der großen Artenanzahl der Coniferen-Gattungen reagierten die Floren des sibirischen Gebiets auf die im Dogger eintretende Erwärmung. Von YABE & OISHI (1933) und OISHI & TOYAMA (1935) wurden die Jura-Florenfunde im Nordosten der VR China zusammengestellt und in den mittleren Jura eingeordnet.

Die über weite Gebiete verstreuten Pflanzenreste gehören ausschließlich zu Arten, die für die anderen Floren der sibirischen Region charakteristisch sind. An Cycadophyten kommen nur *Ctenis kaneharai* YOKOYAMA und ein *Pterophyllum* als Einzelfunde vor. Es überwiegen die Coniferen, Ginkgophyten, *Podozamites*- und *Cladophlebis*-Arten. *Coniopteris hymenophylloides* ist hier reich vertreten, während die schuppenblättrigen Coniferen bis auf zwei spärliche *Pagiophyllum*-Reste fehlen.

Artenärmer sind die südlicher, aber weit im Inneren des Kontinentalraums gelegenen Floren des Hoang-ho-Gebiets, die ebenfalls zur sibirischen pflanzengeographischen Region zu zählen sind. Sie bestehen vorwiegend aus Ginkgophyten, *Cladophlebis*- und *Coniopteris*-Arten sowie Coniferen.

NATHORST revidierte 1897 die von HEER (1876) bekanntgemachten Arten von Spitzbergen. Er unterschied mehrere Fundorte verschiedener Altersstellung. Die Flora des Kap Boheman (78° 21′ n. Br.) wird von NATHORST zum Dogger gerechnet, während er für die Arten vom Kap Staratschin und der Adventsbucht die Zugehörigkeit zum Malm annimmt. VACHRAMEEV (1964) stellt sämtliche Pflanzen dieser Aufsammlungen in den Malm. Die Flora von Kap Boheman ist im Gegensatz zu der der Adventsbucht sehr schlecht erhalten, so daß NATHORST einige der Pflanzen nicht exakt bestimmen konnte. Trotzdem kann aus den Resten der in den Funden überwiegenden Coniferen, Ginkgophyten, der *Podozamites*-Formen und *Cladophlebis* die enge Beziehung zu den Floren des nordsibirischen Raums abgeleitet werden. *Anomozamites* und *Nilssonia* sind hier ebenso vorhanden wie in den küstennahen Floren dieser Region. *Brachyphyllum* kann auf Grund der geographischen Lage in Spitzbergen nicht erwartet werden.

### 4.3.1.4. Ostasien

| Nr. | Fundort | Altersstellung | Autor |
|---|---|---|---|
| 52 | Naktong, Halbinsel Korea | Bathonien | YABE 1905 |
| 53 | Kaga, Hida, Echizen, Japan | Bathonien | YOKOYAMA 1889 |
| 54 | Utano, Toyora-Gruppe, Japan | Bathonien | KIMURA 1958; TAKAHASI 1958 |

Aus dem südlichen Ostasien sind nur wenige Dogger-Floren bekannt. Sie konzentrieren sich auf das Küstengebiet und Japan.

YABE beschrieb 1905 die Pflanzen der Naktong-Flora auf Korea, die KOBAYASHI (1942) nach dem Vorkommen von *Onychiopsis* zeitlich in den oberen Dogger einordnete. In dieser Flora herrschen feinfiedrige Farngewächse, besonders *Onychiopsis elongata* GEYLER, *Cladophlebis koreainensis* YABE und *Adiantites* sp. in fertiler Ausbildung vor. Daneben gibt es so gewöhnliche Arten wie *Podozamites lanceolatus* und *Coniopteris hymenophylloides*, ferner zahlreiche Cycadophyten. Equiseten und Ginkgophyten sind im Verhältnis recht spärlich entwickelt. In der Artenliste von YABE fehlen die Ginkgophyten völlig. Durch KOBAYASHI (1942) wurde hingegen ihre Beteiligung an der Flora mit sechs Prozent angegeben. Dem steht ein Anteil von je 31 Prozent an Filicales und Cycadophyta gegenüber. An Coniferen wurde nur ein bedeutungsloser pityophyllumähnlicher Rest gefunden.

Mit *Dictyozamites* kommt eine Cycadophyte vor, die gleichzeitig in Rajmahal und an der Madrasküste wuchs. *Ptilophyllum*, im Dogger in Europa und Mittelasien so weit verbreitet, ist in dieser Flora nicht enthalten. Dafür ist *Sagenopteris bilobata* vertreten.

Ähnlich kleinlaubig wie auf Korea sind die Farne der von YOKOYAMA (1889) in das Bathon eingeordneten japanischen Flora aus der Umgebung von Kaga, Hida und Echizen. Hier sind mit *Onychiopsis* und *Adiantites*, *Sagenopteris*, *Dicksonia*, *Dioonites*, *Dictyozamites*, *Nilssonia* und *Podozamites* die gleichen Gattungen bzw. Arten wie auf

Korea an der Florenbildung beteiligt gewesen. Es spielten die Ginkgophyten und vor allem die Coniferen somit eine untergeordnete Rolle, wenngleich *Taxites* und *Palissya* sehr charakteristische Vertreter sind.

Ganz ähnlich, insbesondere was die Farne (*Onychiopsis*, *Adiantites*) anbetrifft, war die Utano-Flora gestaltet. Allerdings treten in dieser südlichsten der ostasiatischen Floren unter den mannigfaltigen Cycadophyten-Gattungen drei *Ptilophyllum*-Arten auf. Die Cycadophyten sind hier besonders reichlich entwickelt, allen voran *Nilssonia* mit mehreren Arten, während *Otozamites* fehlt. Die Coniferen sind in mehreren Ausbildungsformen, vorherrschend aber schuppenblättrig, durch *Brachyphyllum*, *Araucarites*, *Palissya*, *Nageiopsis* und *Elatocladus* vertreten. *Pityophyllum* kommt dagegen nicht vor. Die Ginkgophyten stellen wiederum nur einen ganz geringen Anteil der Flora, der noch spärlicher als in den nördlicheren erscheint.

Diese Flora mag von allen ostasiatischen Floren unter den wärmsten Bedingungen gewachsen sein. Dafür sprechen die vorhandenen Ptilophyllen, der große Anteil schuppenblättriger Coniferen und die geringe Ginkgophyten-Ausbildung. Ähnliche Erscheinungen konnten in den Lias-Floren des südlichsten Europa beobachtet werden, wenn dort die Farn-Flora auch ganz andersartig war.

Für diese drei ostasiatischen Floren ist ihre küstennahe Lage ausschlaggebend gewesen. Kobayashi (1942) schließt aus der Gesamtzusammensetzung der Floren und dem Vorhandensein von *Onychiopsis* auf Monsuneinwirkung, was entsprechend den paläogeographischen Verhältnisse durchaus wahrscheinlich ist. Insgesamt nehmen die ostasiatischen Dogger-Floren gegenüber den gleichaltrigen indoeuropäischen eine deutliche Sonderstellung ein, die sich durch Wachstumsbedingungen unter ganz spezifischer Klimaeinwirkung erklären läßt.

### 4.3.1.5. Nord- und Mittelamerika

Das riesige nordamerikanische Kontinentalgebiet scheint im Dogger — ähnlich wie die großen südlichen Landmassen — offenbar recht vegetationsfeindlich gewesen zu sein. Eine Flora diesen Alters ist nur aus Mexiko bekannt. Die von früheren Autoren, wie Fontaine & Ward (1905), der Yorkshire-Flora altersmäßig gleichgesetzten Floren von Oregon und Oroville müssen nach neueren Angaben (Crickmay 1931; Principe 1940) mindestens in den Malm, wenn nicht gar in die Unterkreide gestellt werden.

| Nr. | Fundort | Altersstellung | Autor |
|---|---|---|---|
| 55 | Tecomatlan, Pueblo, Mexiko | Dogger | Silva-Pineda 1969 |
| 56 | Tezoatlan, Oaxaca, Mexiko | Dogger | Silva-Pineda 1970 |
| 57 | El Consuelo (Umgebung Oaxaca), Mexiko | Dogger | Wieland 1913/1926 |

Aus dem Raum um Oaxaca und Pueblo (Mixteca Alta) in Mexiko stammt von verschiedenen Fundorten eine reichhaltige Flora, über die mehrere Autoren berichtet haben. (Wieland 1913, 1914, 1926; Lozano 1916; Delevoryas 1969; Silva-Pineda 1969, 1970). Die Zusammensetzung dieser Floren weicht im Dogger nicht wesentlich von der der Rosario-Formation des oberen Lias (Flora-Nr. 67) ab. Der Anteil an Farnen ist sehr gering. Es gibt im wesentlichen nur *Cladophlebis denticulata*, eine weitere *Cladophlebis*-Art und *Coniopteris arguta* in diesen Fundstellen. Mit *Alethopteris branneri* White kommt in Pueblo eine Art vor, die von Vachrameev (1965b) unter der Bezeichnung *Phlebopteris cubensis* als bis jetzt einzige Jura-Pflanze Kubas (Dogger) angegeben wurde.

Das beherrschende Element der mexikanischen Jura-Floren sind die *Otozamites-* und *Pterophyllum*-Arten, *Anomozamites, Zamites* und *Ptilophyllum* mit ihren großen Wedeln. Die zahlreich vorkommenden Williamsonien zeigen, daß die Bennettitales hier einen optimalen Standort besiedelten. Ginkgophyten und Coniferen fehlen völlig, Equisetiten-Reste sind in Spuren vorhanden. *Sagenopteris* ist ebenfalls in zwei Formen vertreten. Die von SILVA-PINEDA angegebene Angiospermen-Zugehörigkeit der als *Yuccites oaxacensis* WIELAND bezeichneten Reste erscheint sehr zweifelhaft. Der Gesamteindruck dieser Flora deutet auf tropische Wärme doch nicht zu großes Feuchtigkeitsangebot. Die abgebildeten Pflanzenreste, vor allem die von *Alethopteris branneri* mit seinen wie gewölbt erscheinenden Fiedern, machen einen lederigen, harten Eindruck. Die bei *Anemozamites* stark hervortretende Nervatur könnte Ähnliches aussagen. Nicht zuletzt aber lassen die völlige Abwesenheit von Ginkgophyten und Coniferen sowie das reichliche Vorkommen von *Ptilophyllum* den gleichen Schluß zu.

### 4.3.1.6. Zusammenfassung nördliche Hemisphäre

Zusammenfassend können an den Dogger-Floren der nördlichen Hemisphäre sowohl klimatisch bedingte Nord-Süd-Abstufungen als auch Unterschiede zwischen den Floren kontinentaler und ozeanisch beeinflußter Gebiete festgestellt werden. Die Zusammensetzung der Floren dieser Jura-Abteilung zeigt gegenüber denen des Lias eine nach Norden erweiterte Verbreitung offenbar wärmeabhängiger Pflanzen. Damit werden die aus den paläoklimatischen Untersuchungen an Belemnitenrostren gewonnenen Werte, die ein Ansteigen der Meerestemperatur im Verlauf des Dogger — besonders in Mitteleuropa — anzeigen, bestätigt.

Die Klimaveränderung wird insbesondere an der starken Zunahme der Artenanzahl der Bennettitales und ihrem gehäuften Vorkommen in nördlicheren Floren spürbar. Das gleiche läßt sich aus der Verbreitung von *Ptilophyllum*, die im Dogger bis nach Yorkshire reichte, und dem weniger seltenen Auftreten der Cycadee *Ctenis* ableiten. Mit der Klimaentwicklung kann möglicherweise das Verschwinden von *Swedenborgia* und *Cheirolepis*, die im Lias in den nördlicheren Floren vorkamen, in Zusammenhang gebracht werden. Während die Gattung *Cladophlebis* die im Lias erreichte Artenmannigfaltigkeit innerhalb der asiatischen Floren beibehielt und ihre Verbreitung vor allem nach Westen nur zögernd ausdehnte, scheint *Coniopteris* in den mittelasiatischen und sibirischen Gebieten erst im Dogger den Höhepunkt ihrer Artenbildung erreicht zu haben. *Coniopteris hymenophylloides* war im Dogger weltweit verbreitet, demgegenüber beschränkte sich *Coniopteris angustiloba* auf die asiatischen Floren.

Die Caytoniale *Sagenopteris nilssoniana* wurde im Dogger von der Art *Sagenopteris phillipsi* abgelöst, die vorwiegend in küstennahen Floren der mittleren Breitenlagen angetroffen wurde. *Thinnfeldia* kam nur noch in wenigen Fundpunkten im kaukasischen und kaspischen Raum vor. Außer *Sagenopteris* scheint *Otozamites* im Dogger die kontinentalen Gebiete gemieden zu haben, erreichte dagegen in den europäischen und mexikanischen Floren große Mannigfaltigkeit.

*Pityophyllum* blieb auf die östlichen, vorwiegend kontinental beeinflußten Gebiete beschränkt, nur wenige Vertreter finden sich in Europas nördlichen Floren; so in Andö und Eriksdal. Auf Spitzbergen und in den nordsibirischen Floren ist *Pityophyllum* ebenfalls gefunden worden. Besonders häufig war die Art *Pityophyllum nordenskiöldi*. Das Verbreitungsgebiet von *Brachyphyllum* dehnte sich nach Norden aus. In innerkontinentalen Floren kam diese Gattung bis auf eine nicht definierte Art in Maikjuben nicht vor.

*Brachyphyllum mamillare* blieb den äquatornächsten ozeanisch beeinflußten Floren vorbehalten.

*Podozamites lanceolatus* scheint auch im Dogger keine besonderen Standortansprüche gestellt zu haben, *Podozamites angustifolius* ist weitaus weniger häufig anzutreffen. Auffällig ist, daß diese Art in keiner Flora mit *Brachyphyllum mamillare* gemeinsam vorkam und nur in einer Flora zusammen mit *Ginkgo digitata* gefunden wurde.

*Phoenicopsis* behielt im wesentlichen die im Lias erreichte Verbreitung vorwiegend in den östlicheren Floren bei, nur in Andö drang diese Gattung etwas weiter nach Westen vor. Eine Abnahme des Feuchtigkeitsangebots wird kenntlich an dem Verschwinden der Dipteridaceae und Matoniaceae, was in den innerasiatischen Floren besonders ausgeprägt ist, aber ebenso in den europäischen spürbar wird. Das Zurückgehen der *Neocalamites*-Arten und die Zunahme kleinerer Equiseten-Formen mag auf eine Abnahme der Humidität zurückzuführen sein.

Vergleicht man den im Dogger vorhandenen Bestand an Gattungen, so hat sich gegenüber dem Lias wenig verändert. Alle wesentlichen Gattungen waren bereits in der älteren Jura-Abteilung entwickelt, nur einige wenige sind hinzugekommen, wie z. B. *Lomatopteris* oder *Onychiopsis*. Die Anzahl der Gattungen, die im Dogger nicht mehr auftreten, ist verschwindend gering (z. B. *Swedenborgia*), manche sind stark eingeschränkt, wie z. B. *Phlebopteris* und *Dictyophyllum*. Selbst innerhalb des Artenbestands sind keine bedeutenden Veränderungen vor sich gegangen und die meisten Lias-Arten sind noch im Dogger anzutreffen. Die Veränderungen gegenüber dem Lias äußern sich vor allem in einer Erweiterung bzw. Nordverschiebung der Verbreitungsgebiete einiger Arten und Gattungen (*Ptilophyllum, Brachyphyllum*) oder ihrer Häufigkeitszunahme und Ausbildung vieler Lokalarten in bestimmten Arealen (*Coniopteris, Cladophlebis*). Die wenigen aus der Flora verschwundenen Elemente waren Vertreter spezifisch nördlicher Regionen.

Insbesondere die sibirischen Floren mit ihrer gegenüber dem Lias weitaus größeren Formen- und Artenmannigfaltigkeit können als Beispiel für die während des Dogger im Norden günstiger werdenden Wachstumsbedingungen herangezogen werden.

### 4.3.2. Die Gondwana-Gebiete

Zwei berühmte Floren der Gondwana-Gebiete werden zeitlich in den Dogger gestellt: die Flora der Rajmahal-Schichten Indiens und die der Hope-Bucht von Graham-Land, Antarktis. Die übrigen Pflanzenreste der Südhemisphäre sind im Dogger genauso spärlich wie im Lias und fast völlig auf Australien, Neuseeland und das südwestliche Südamerika beschränkt. Aus Afrika ist bisher erst eine einzige Pflanze aus einer Bohrung in der westlichen Wüste Ägyptens bekannt geworden.

Die Altersstellung der Floren ist in den meisten Fällen umstritten, bzw. noch nicht eindeutig geklärt.

| Nr. | Fundort | Altersstellung | Autor |
|---|---|---|---|
| 58 | Bindaban, Rajmahal, Indien | | Bose & Sah 1967 |
| 59 | Nipania, Rajmahal, Indien | | Vishnu-Mittre 1956 |
| 60 | Gesamtübersicht Rajmahal, Indien | | Sitholey 1954 |
| 61 | Waikawa, Neuseeland | Dogger? | Edwards 1934 |
| 62 | Mataura, Neuseeland | Dogger? | Edwards 1934 |
| 63 | Derby, Nordwestaustralien | unterer Dogger | Antevs 1913 |
| 64 | Mingenev, Westaustralien | Dogger? | Glanert 1910; Walkom 1921 |
| 65 | Kharga-Oase, westliche Wüste, Ägypten | Dogger? | Kilpper 1966 |
| 66 | Nequen, Argentinien | | Menendez 1956; Volkheimer 1969 |
| 67 | Taquetren, Chubut, Argentinien | | Bonetti 1963 |
| 68 | Gobierno, Gran Bajo de Julian, Patagonien, Argentinien | oberer Dogger | Feruglio 1951 |
| 69 | Hope-Bay, Graham Land, Antarktis | oberer Dogger? | Seward 1933; Plumstead 1962 |
| 70 | Mt. Weaver, Antarktis | ? | Darrah 1936 |

#### 4.3.2.1. Indien

Als die wohl einmaligste und interessanteste Flora des Jura überhaupt kann die Rajmahal-Flora Indiens angesehen werden. Ihr Artenbestand, ihre Altersstellung und die Besonderheiten ihrer Pflanzen sind seit Oldham & Morris' (1863) sowie Feistmantels (1876, 1879) Arbeiten Gegenstand zahlreicher Publikationen in der paläobotanischen Literatur. In der vorliegenden Arbeit wird der Gesamtübersicht über die Rajmahal-Pflanzen die von Sitholey (1954) zusammengestellte Liste zugrunde gelegt. Mit den Floren von Bindaban und Nipania werden die Aufsammlungen von zwei Einzelfundorten betrachtet.

Das Schwergewicht der Rajmahal-Flora liegt bei den Cycadophyten, unter ihnen vor allem auf den Bennettitales. In zweiter Linie sind Coniferen entwickelt. Artenmäßig fallen daneben viele Filicales auf, doch treten sie gegenüber den erstgenannten Ordnungen zurück. Außerdem kommen einige wenige Equisetales und Lycopodiales vor. Die wenigen Vertreter der Ginkgoales sind größtenteils erst in neuerer Zeit aufgefunden worden (Sah 1952, 1953, 1965; Mehta & Sud 1953). Die Caytoniales sind mit *Thinnfeldia indica* (Fstm) und *Sagenopteris bhambhani* Jacob spärlich vertreten.

Das Überwiegen der Bennettitales und die reiche Ausbildung der Nilssoniales ist für eine äquatornah gelegene Flora nicht ungewöhnlich. Eine Minderentwicklung der Ginkgophyten innerhalb der Floren besonders warm einzuschätzender Gebiete wurde allgemein beobachtet. Auffällig ist der hohe Coniferen-Anteil, doch handelt es sich bei den vorkommenden Arten der Gattungen *Brachyphyllum*, *Pagiophyllum*, *Elatocladus* und *Araucarites* vorwiegend um schuppenblättrige Formen. Charakteristisch ist der hohe Anteil der Coniferen-Fruktifikationen unter den Fossilien.

Ungewöhnlich an dieser Flora sind die Gattungen und zahlreichen Arten, die hier neu auftreten, bzw. in der nördlichen Hemisphäre im Jura nicht vorkamen, wie z. B. *Tinpaharia sinuosa* Jacob oder die *Sphenopteris*-Arten *Sphenopteris rajmahalensis* Sahni & Rao, *Sphenopteris khairbaniensis* Ganju und *Sphenopteris hislopi* (Oldh. & Morr.).

Mit den Pentoxyleae konnten die indischen Paläobotaniker eine neue Gymnospermen-Gruppe aufstellen, die in ihrem anatomischen Bau sowohl Beziehungen zu den Cycadales, den Bennettitales (Vishnu-Mittre 1953) sowie nach Gothan & Weyland (1964) auch zu den Coniferen aufweist und die auf Grund ihrer Zwischenstellung entwicklungsgeschichtlich außerordentlich bedeutsam ist.

Die vielen Arten und Formen, nicht nur unter den Filicales und Coniferales, sondern ebenso unter den Cycadophyta, die in dieser Flora neu oder einmalig sind, deuten auf eine zeitweilige Isolierung des indischen Subkontinents innerhalb des Jura und eine Erschwerung des Florenaustauschs. Entsprechende klimatische Voraussetzungen scheinen die Entwicklung dieses Gebiets zu einem Zentrum der Artbildung begünstigt zu haben.

Neben den neuen Arten wuchsen im Rajmahal-Gebiet Pflanzen mit weiter ökologischer Amplitude, wie *Podozamites lanceolatus*, *Cladophlebis denticulata* oder *Coniopteris hymenophylloides*, bzw. spezifisch wärmeliebende Arten, so z. B. *Ptilophyllum acutifolium* und *Brachyphyllum mamillare*. Dazu gesellen sich, unter anderem mit *Dicroidium*, für die Gondwana-Gebiete typische Formen, zu denen die Pentoxyleen-Belaubung *Taeniopteris spathulata* und die Fruktifikationen dieser Gruppe wie *Carnoconites* gehören. Bemerkenswert ist, daß die in der Rajmahal-Flora vorkommenden auch in Europa verbreitet gewesenen Arten oft schon in vorjurassischen Floren auftraten und zum Teil in anderen Floren der Südhemisphäre ebenfalls vorhanden sind. Damit sprechen sie nicht gegen eine zeitweilige Isolierung Indiens während des Jura.

Innerhalb der Floren der einzelnen Fundpunkte des ausgedehnten Rajmahal-Gebiets gibt es starke, sicher standortbedingte Unterschiede. So ist z. B. die Flora von Bindaban außerordentlich reich an Pteridophyten-Resten, am häufigsten unter ihnen ist *Gleichenia gleichenioides* (Morr.), während die Bennettitales und Cycadales völlig fehlen.

In Nipania sind neben *Ptilophyllum*-Arten die Coniferen vorherrschend, während die Farne weniger ins Gewicht fallen. An der Pflanzenzusammensetzung von sieben verschiedenen Fundorten, die Gupta (1954) auswertete, zeigen sich ähnliche Abweichungen.

Hier sind in den Fundstellen mit mehreren Bennettitales — insbesondere mit *Ptilophyllum* — und mit *Araucarites* die Filicales sehr spärlich oder gar nicht vertreten.

### 4.3.2.2. Australien und Neuseeland

Verglichen mit dem Pflanzenreichtum der Rajmahal-Flora Indiens wird die Artenarmut der australischen Fundpunkte, die an der heutigen West- bzw. Nordküste liegen, besonders deutlich. Aus den wenigen von GLANERT (1910), ANTEVS (1913) und WALKOM (1921) bekanntgemachten Arten lassen sich keine sicheren Schlüsse ziehen. Die Anwesenheit von drei *Otozamites*-Arten und *Williamsonia* in Mingenev sowie einer *Ptilophyllum*-ähnlichen Form in Derby deutet auf warmes ozeanisches Klima, womit das Vorkommen von *Pagiophyllum* übereinstimmt.

Die neuseeländischen Floren, deren Alter entgegen anderen Auffassungen von EDWARDS (1934) als Dogger angesehen wird, enthalten eine weitaus größere Artenanzahl. Neben *Cladophlebis denticulata, Cladophlebis australis* und *Coniopteris hymenophylloides* kommen zwei *Osmundites*-Arten und in Mataura *Dictyophyllum* vor. Außer der typischen Gondwana-Pflanze *Taeniopteris spathulata* gibt es *Ptilophyllum acutifolium, Otozamites, Pterophyllum* sowie *Nilssonia compta* und *Nilssonia elegans. Elatocladus conferta* (OLDH. & MORR.) und *Elatocladus plana* sowie die in Mataura gefundenen Hölzer *Dadoxylon* und *Mesembrioxylon* sind außerdem aus der Rajmahal-Flora bekannt.

Mit dem Vorherrschen der Cycadophyten und Coniferen und den daneben vertretenen Farnen stimmt insbesondere die Flora von Waikawa in ihrem Aufbau recht gut mit der von Rajmahal überein. Selbst wenn nicht solche Formenfülle wie in Indien erreicht wurde, deuten die vorhandenen Arten auf warmes Klima.

Gegenüber dem Lias sind an den Floren des indischen und australischen Raums Veränderungen bemerkbar. Es ist eine Zunahme der Cycadophyten, insbesondere der Bennettiteen-Arten und ihre weiter nach Süden reichende Verbreitung sowie ein Anwachsen der Artenanzahl in den südlichsten Floren erkennbar. Damit scheint sich die aus dem Verhalten der eurasiatischen Dogger-Floren ableitbare Erwärmung zugleich in den Gondwana-Gebieten der Südhemisphäre ausgewirkt zu haben.

### 4.3.2.3. Südamerika

Diese Auffassung wird durch die Zusammensetzung der Floren des südwestlichen Südamerika bekräftigt, in denen *Otozamites, Zamites, Williamsonia* und sogar *Ptilophyllum* gefunden wurden. Mit *Elatocladus conferta, Pagiophyllum* und *Brachyphyllum* sind die Coniferen entsprechend der küstennahen Lage der Floren wiederum durch schuppenblättrige Formen vertreten. Mit *Podocarpus? palissyafolia* (BERRY) FLORIN ist eine der für die Südhemisphäre charakteristischen Coniferen-Arten (FLORIN 1963) in Gobierno gefunden worden.

Überraschenderweise kam in Nequen und Taquetren *Sagenopteris nilssoniana* vor, die aus den gleichaltrigen eurasiatischen Floren verschwunden war. Neben *Cladophlebis denticulata* fällt unter den Filicales das Vorhandensein von *Thaumatopteris, Todites* und *Clathropteris* sowie einer *Gleichenites* auf. Diese Florenzusammensetzung läßt sich auf die Wirkung eines Klimas mit milder Wärme und ausreichendem Feuchtigkeitsangebot, eventuell in Form hoher Luftfeuchte, zurückführen.

### 4.3.2.4. Antarktis

Die wohl aufsehenerregendsten paläobotanischen Funde sind mit den antarktischen Floren, insbesondere der artenreichen Hope-Bay-Flora, gemacht worden. Wenngleich diese Flora nicht die ursprünglich (HALLE 1913) angenommene Ähnlichkeit zur Yorkshire-Flora aufweist, so steht sie doch den indischen Floren außerordentlich nahe (RAO 1953). Mit neun gemeinsamen Arten, unter ihnen typische Arten der Gondwana-

Gebiete wie *Elatocladus jabalpurensis, Pagiophyllum feistmanteli* und *Araucarites cutchensis* werden diese Beziehungen belegt. Weitere sieben Arten sind solchen von Rajmahal nahestehend.

Die Flora des Graham-Lands mit ihren Bennettitales, dem Reichtum an Filicales und den verschiedenartigen Coniferen ist das eindrucksvollste Zeugnis für das von den heutigen Bedingungen abweichende Klima des Jura. Sie spricht daneben deutlich für eine Erwärmung im Verlauf des Dogger, wenn man ihre Zusammensetzung und ihren Reichtum an Arten und Formen mit der spärlichen antarktischen Lias-Flora vergleicht. Die um etwa 20° südlicher liegende Florula vom Mt. Weaver zeigt nach Darrah (1936) Beziehungen zur australischen und weniger zur Graham Land-Flora. Auf Grund der außerordentlich geringen Artenanzahl ist eine Einschätzung kaum möglich, doch deuten *Sagenopteris, Araucarites* und *Taeniopteris* auf milde klimatische Verhältnisse.

#### 4.3.2.5. Zusammenfassung Gondwana-Gebiete

Zusammenfassend kann festgestellt werden, daß die bereits im Lias zu beobachtenden Unterschiede zwischen den Floren der Nordhemisphäre und denen der Gondwana-Gebiete im Dogger noch stärker hervortreten. Eine Rückführung auf rein klimatische Besonderheiten ist auszuschließen, da die im Dogger der Nordhemisphäre festzustellende erhöhte Wärmezufuhr sich gleichermaßen in den Floren der Südhemisphäre bemerkbar macht.

Dies bestätigen Paläotemperaturmessungen von Bowen (1961), die z. B. für das Bajocien in Westaustralien Werte von 24,4 °C ergeben haben.

Das völlige Fehlen von tierischen und pflanzlichen Resten in weiten Gebieten Afrikas und Südamerikas macht den Fortbestand eines breiten Trockengürtels im Dogger wahrscheinlich.

Nach den paläogeographischen Befunden blieb die Tethys während des braunen Jura ein breites trennendes Meer zwischen Nord und Süd.

## 4.4. Die Floren des Malm

Gegenüber dem Lias und dem Dogger hat sich die Anzahl der Floren im Malm besonders in Eurasien außerordentlich verringert. Die aufgefundenen Floren verteilen sich vorwiegend auf die nördlichen und westlichen Teile Europas sowie das nordöstliche Sibirien, Ostasien und die Südhemisphäre. Die südlichen Gebiete Europas, ferner die im älteren Jura so reichen Fundstätten des kaukasischen und kaspischen Raums sowie Mittelasiens lieferten bis auf das Karatau-Gebirge keine Malm-Flora.

Da sich während des Malm insbesondere in Europa größere Veränderungen der Land-Meer-Verteilung ergeben haben, wurden für diese Periode zwei paläogeographische Karten (Abb. 8, 9) angefertigt. Die wenigen Floren des oberen Malm sind in der entsprechenden Karte eingetragen worden. Dabei behielten die Floren die in der Tab. 3 verwendeten fortlaufenden Nummern.

### 4.4.1. Nördliche Hemisphäre

#### 4.4.1.1. Europa

Betrachtet man die geographische Lage der Malm-Floren Europas, so fällt neben ihrer geringen Anzahl ihre Beschränkung auf wenige küstennahe Gebiete im nördlichen und südwestlichen Teil des Kontinents auf. Im oberen Malm sind die Florenfundpunkte noch mehr reduziert.

Trotz der geringen Anzahl überlieferter Großreste lassen sich ebenso wie zwischen den älteren und jüngeren auch zwischen den nördlichen und den weiter südlich gelegenen Malm-Floren Europas deutliche Unterschiede feststellen. Sie beruhen zum Teil auf

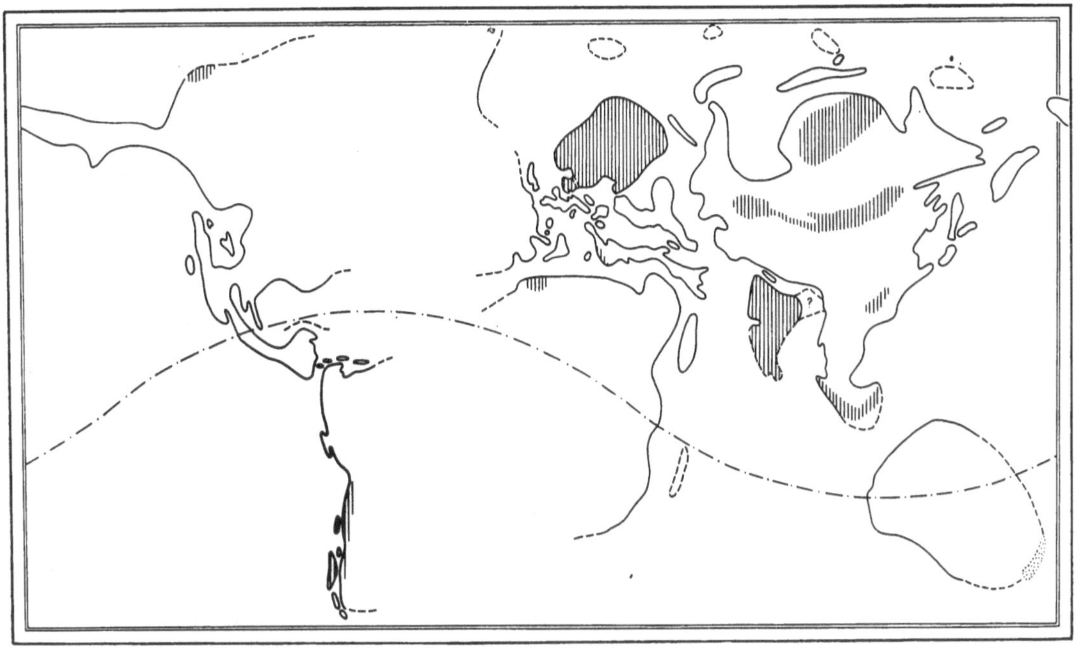

Abb. 8. Paläogeographie des unteren Malm

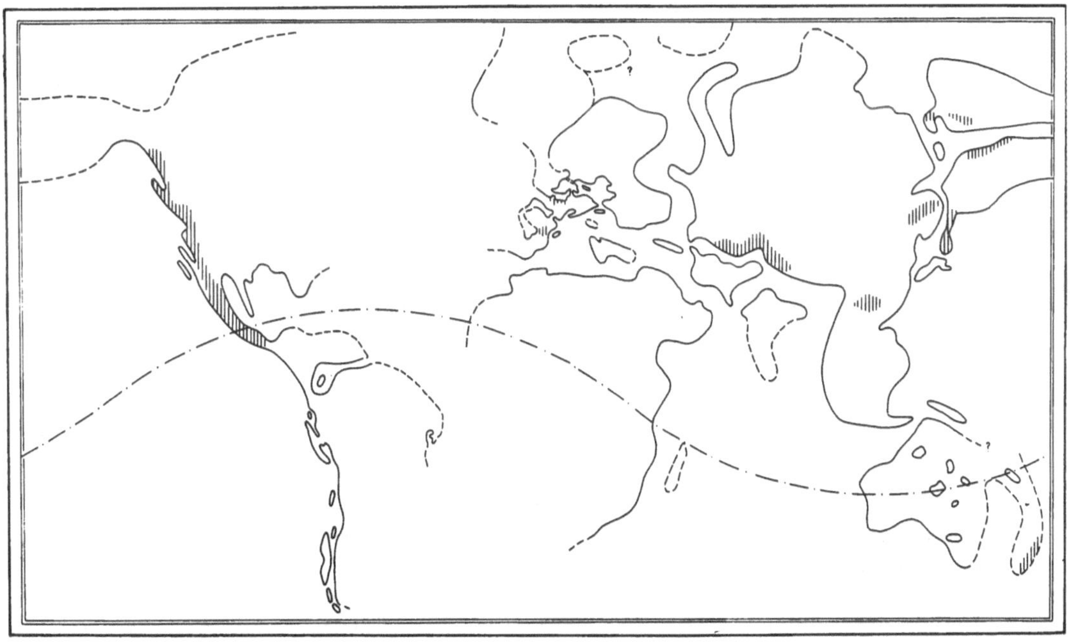

Abb. 9. Paläogeographie des oberen Malm

| Nr. | Fundort | Altersstellung | Autor |
|---|---|---|---|
| 1 | Helmsdale, Sutherland, Schottland | Kimmeridge | SEWARD 1911 |
| 2 | Eriksdal, Schonen, Schweden | Oxford | TRALAU 1966 |
| 3 | Holsterhus, Bornholm, Dänemark | Malm? | BARTHOLIN 1910 |
| 4 | St. Maria Meya, Lerida, Spanien | Kimmeridge | TEIXEIRA 1956 |
| 5 | Ain/Chezery, Bugey, Frankreich | Kimmeridge | CARPENTIER 1938/1939; PRINCIPE 1940 |
| 6 | Auxey, Beaune, Cote d'Or, Frankreich | Kimmeridge | PRINCIPE 1940 |
| 7 | Lucey, Meurth et Moselle, Frankreich | Oxford | PRINCIPE 1940 |
| 8 | Zusammenfassung Frankreich | Malm | VACHRAMEEV 1964 |
| 9 | Chateauroux, Indre, Frankreich | Portland | PRINCIPE 1940 |
| 10 | Boulogne sur Mer, Frankreich | Portland | PRINCIPE 1940 |
| 11 | Lerida, Spanien | oberer Malm | GOTHAN 1954 |
| 12 | Solnhofen, Ahlem, Lauenstein, BRD | Portland | SALFELD 1907, 1909 |
| 13 | Andö, Norwegen | oberer Malm | JOHANNSEN 1920 |

der außerordentlich spärlichen Entwicklung der bisher im Jura bekannten Gattungen der Filicales in den südlichen Floren. Außer wenigen *Coniopteris* scheint *Cladophlebis* vertreten gewesen zu sein. Von dieser Gattung werden in der Zusammenfassung für den französischen Malm bei VACHRAMEEV (1964) sieben verschiedene Arten angegeben, während sie in den Veröffentlichungen von CARPENTIER (1938/1939) und PRINCIPE (1940) für die einzelnen Standorte in Frankreich nicht genannt wird.

Ein weiterer Unterschied zeigt sich in der Beschränkung von *Otozamites*, *Pterophyllum*, *Ptilophyllum* und *Taeniopteris*, sowie der Nilssonien auf die nördlichen Floren. In den spanischen und französischen Malm-Ablagerungen wurden an Cycadophyten vor allem *Zamites* und *Sphenozamites* sowie Williamsonien gefunden. Interessant ist das mehrfache Vorkommen von *Zamites feneonis* BRONGN., einer Form, von der TENČOV & CERNJAVSKA (1965) als einziger bulgarischer Jura-Pflanze berichteten und die sie dort in den Dogger einordneten. Im Oxford und Kimmeridge im Nordwesten der BRD kommt diese Art ebenfalls vor, nach SALFELD (1909) bei Salzhemmendorf und Ildehausen.

Die südlichen Floren lassen eine besonders reichliche Ausbildung der Coniferen erkennen. Hier sind es vorwiegend schuppenblättrige Formen, von denen *Brachyphyllum* und *Pagiophyllum* in Frankreich eine größere Anzahl hervorgebracht haben. Daneben stehen *Araucarites* und *Palaeocyparis* mit mehreren Arten. Die letztere Gattung fehlt in den nördlicheren Floren völlig. *Pityophyllum* wurde in Bornholm, im Süden nur im Kimmeridge Nordostspaniens gefunden. Die Ginkgophyten konzentrierten sich im wesentlichen auf die nördlichen Floren. *Sagenopteris* gab es offenbar nur dort, *Thinnfeldia* und *Pachypteris* dagegen noch in Frankreich. Die deutliche Verarmung der Malm-Floren und das Zurückweichen von aus dem älteren Teil der Formation bekannten charakteristischen Jura-Pflanzen in nördlichere Gebiete werden verständlich, wenn man die übrigen biologischen und lithologischen Klimazeugen zum Vergleich heranzieht. Sicher war die an den Evaporitablagerungen im mittleren Europa erkennbare Aridisierung die Ursache für die rückläufige Florenausbildung. Durch das weit nördliche Auftreten von Korallenriffen wird eine gleichzeitige verstärkte Wärmezufuhr bezeugt. Pflanzen, die über keinen ausreichenden Verdunstungsschutz verfügten, waren den aus den hohen Temperaturen und dem mangelhaften Feuchtigkeitsangebot resultierenden Belastungen ihres Wasserhaushalts nicht mehr gewachsen. Nur die nördlichen Regionen bildeten noch eine Zufluchtsstätte für Arten, wie sie unter den für sie günstigen Wachstumsbedingungen im Lias und Dogger in Europa weit verbreitet waren.

Ein solches Refugium scheint das schottische Florengebiet gewesen zu sein. Hier erhielt sich eine größere Anzahl Farne, unter ihnen *Matonidium*, *Marattiopsis* und

*Todites* ferner mehrere Arten von *Coniopteris*, *Cladophlebis* und *Hausmannia*. Der einzige Malm-Fundpunkt von *Phlebopteris* liegt hier, daneben wuchsen außer mehreren Nilssonien und Zamiten *Pseudoctenis* und *Pterophyllum*. Die wärmeliebende Bennettitee *Ptilophyllum pecten* drang bis hierher vor, es ist jedoch ihr einziger bekannter Malm-Standort in Europa. Während die Coniferen nicht so hervortraten, sind die Ginkgophyten in Sutherland zahlreich vorhanden gewesen. Diese Flora war bis jetzt der einzige europäische Fundpunkt von *Czekanowskia* und *Phoenicopsis* im Malm.

Das Alter der Bornholm-Flora aus Holsterhus wurde von BARTHOLIN nicht klar bestimmt, jedoch die Möglichkeit der Einordnung in den oberen Jura angedeutet. Auf Grund von Übereinstimmungen mit der schottischen Malm-Flora und dem Auftreten von *Gleichenites*, *Scleropteris* und *Sagenopteris mantelli* (DUNK.) SCHENK, die in den Unterkreide-Floren Portugals (TEIXEIRA 1948) und Englands vorkommen, wird diese Flora hier zum Malm gestellt. Die Uneinheitlichkeit der Florenzusammensetzung, insbesondere das Vorhandensein von *Dictyophyllum* und *Thaumatopteris* unter den Pflanzenresten, läßt die Annahme zu, daß hier über Pflanzen mehrerer, zeitlich verschiedener Horizonte berichtet wurde.

Ebenso wie in Eriksdal waren in Bornholm neben Filicales-Arten wenige Cycadophyten vertreten. Die Ginkgophyten sind in geringerer Artenanzahl als in Schottland und Eriksdal unter den genannten Fundstücken. Besonders hervorzuheben ist aus Eriksdal *Onychiopsis*, über die aus den Monsungebieten Ostasiens bereits für den Dogger berichtet wurde.

Aus den südlichen Floren Europas sind die Ginkgophyten, die ebenso im Lias und Dogger die wärmsten Gebiete mieden, so gut wie ganz verschwunden. Coniferen-Arten, deren morphologischer Typus auf Trockenheitsresistenz schließen läßt, sind verstärkt ausgebildet gewesen. Neben zahlreichen neuen Gattungen und Arten (TEIXEIRA 1956) konnten sich an diesen Standorten nur Pflanzen halten, deren ökologische Amplitude so weitgespannt war, wie die von *Podozamites* und *Coniopteris*, bzw. solche, die über einen entsprechenden anatomischen Bau verfügten. Möglicherweise waren die Angehörigen der Formgattung *Sphenopteris* BRONGNIART, die sich bereits im Dogger, verstärkt jedoch im Malm, auf viele Floren ausdehnten, entsprechend ausgestattet. Besonders in den südeuropäischen Floren sind sie reich entwickelt gewesen, VACHRAMEEV (1964) nennt allein aus Frankreich zehn verschiedene Formen. Ihre systematische Stellung ist noch ziemlich unklar. Möglicherweise gehörten sie zu den Polypodiaceae und damit zu einer recht modernen Farnfamilie. Von BELL (1956) wurden sie einmal mit *Asplenium*, zum anderen mit *Onychiopsis*, ferner mit *Ruffordia* und *Gleichenites* in Verbindung gebracht. Mit den pteridospermen Sphenopteriden, die nach MÄGDEFRAU (1968) im Zechstein ausstarben, sind sie wahrscheinlich nicht verwandt. Im Habitus zeigen sie meist feingegliedertes keilblattförmiges Laub. Die Fiederblättchen der amerikanischen Formen sind nach BELL (1956) zum Teil lederartig, bei anderen Vertretern fein und dünn beschaffen gewesen.

Die von TEIXEIRA (1956) mitgeteilte Kimmeridge-Flora aus Santa Maria de Meya bei Lerida in Spanien enthält vorwiegend kleinblättrige, hart und xerophytisch aussehende Formen sowie kleinschuppige Coniferen. Nur eine Art der neuen Gattung *Montsecchites* mit ihrer fadenförmig aufgeschlitzten *Utricularia*-ähnlichen Belaubung weicht von diesem Habitus ab. Im oberen Malm ist dieser Standort völlig verarmt und war offenbar nur noch von *Sciadopitytes*, deren Nadeln nach GOTHAN (1954) dort in Massen vorkamen, besiedelt gewesen. Über xeromorphe Strukturen bei dieser Conifere berichteten bereits HALLE (1915) und KRÄUSEL (1923). Von weiteren jurassischen Coniferen wurden eingesenkte Spaltöffnungen und dicke Kutikulen — also echte xeromorphe Baueigentümlichkeiten — auf Grund anatomischer Untersuchungen bekannt gemacht, so von LORCH (1968) an *Brachyphyllum*-Arten Israels und von TOWNROW (1967) an *Athrotaxis*-, *Pagiophyllum*-, *Brachyphyllum*- und *Araucaria*-

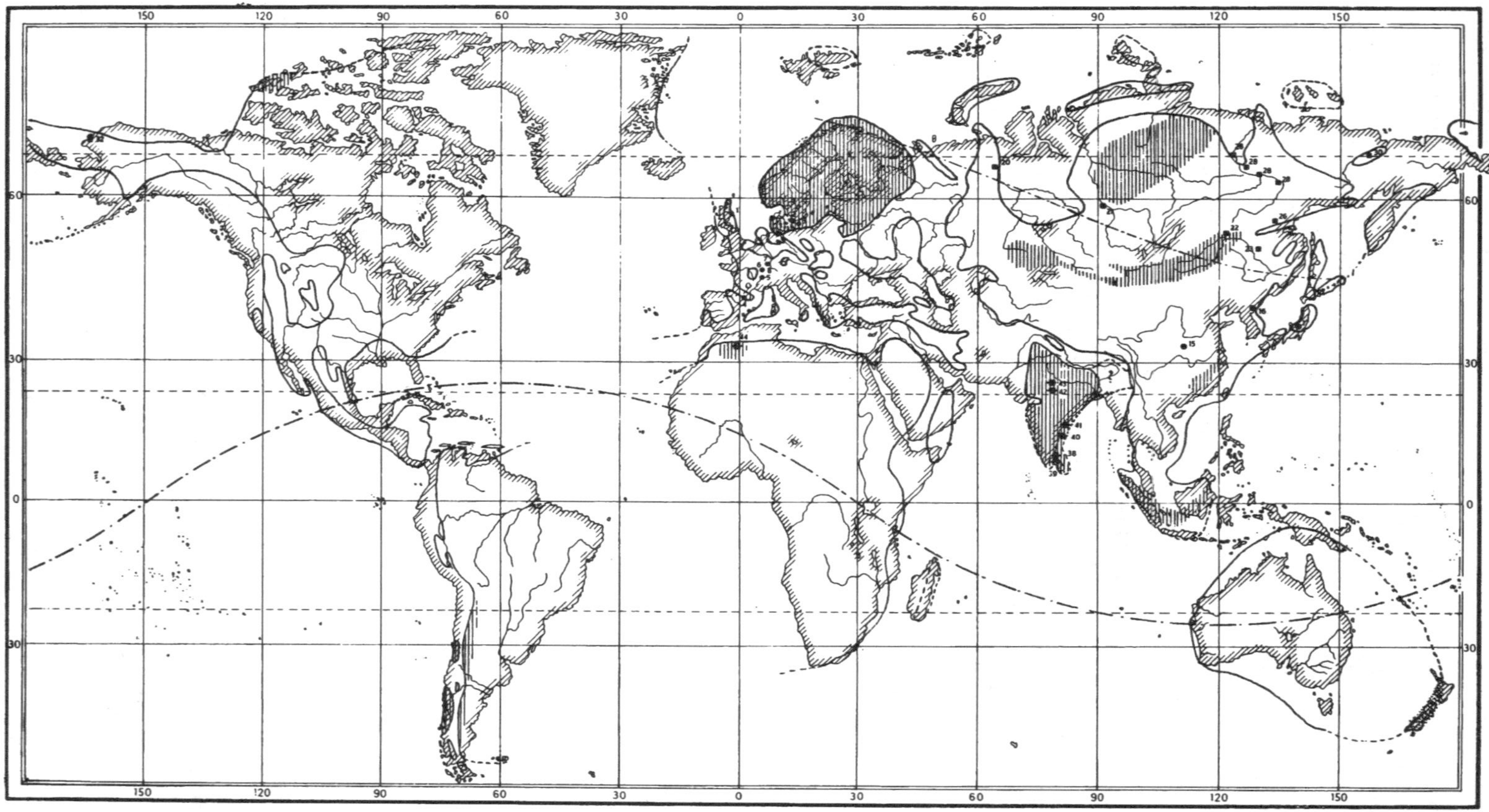

Abb. 10. Fundstellen der Floren des unteren Malm (Welt)

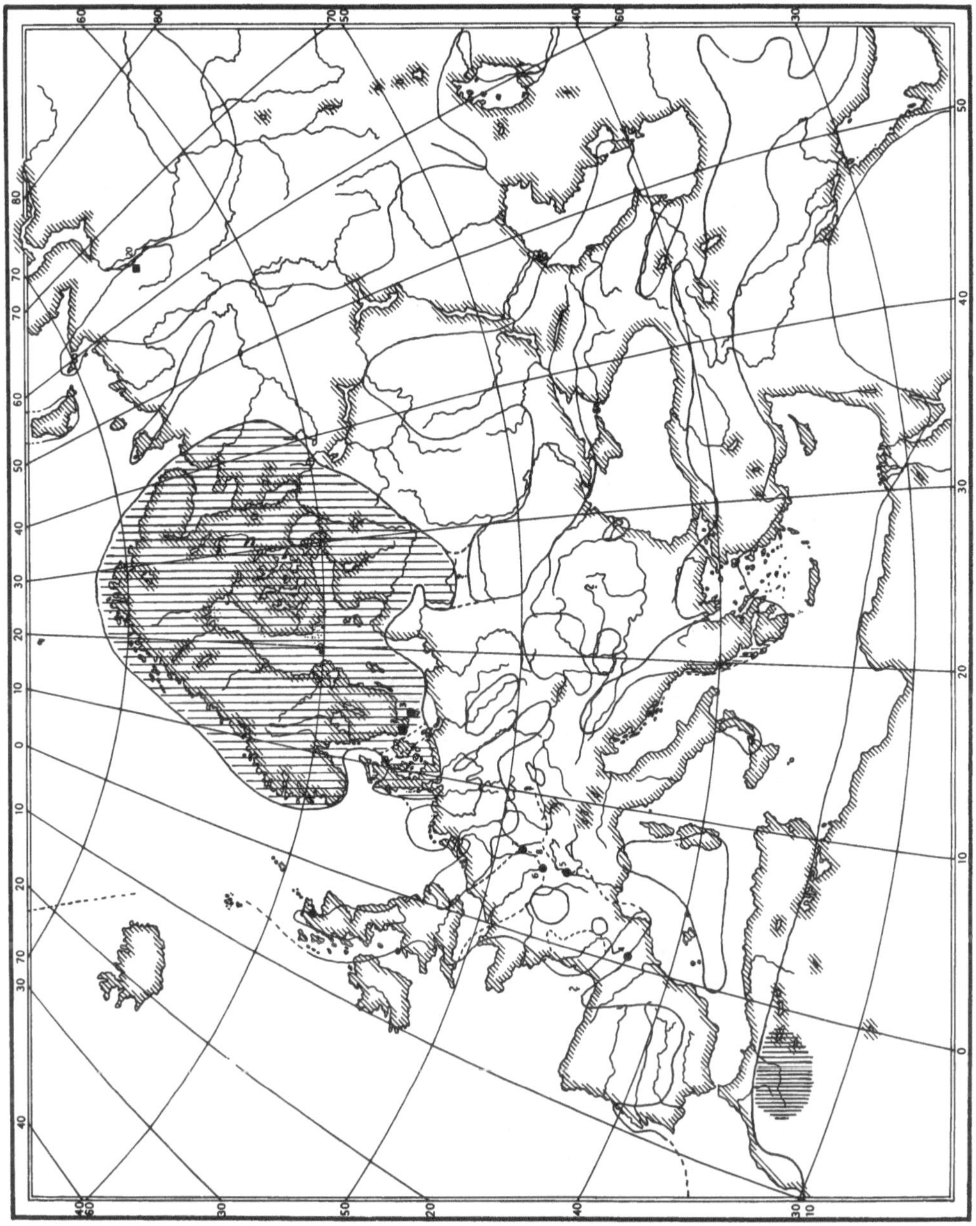

Abb. 11. Fundstellen der Floren des unteren Malm (Europa)

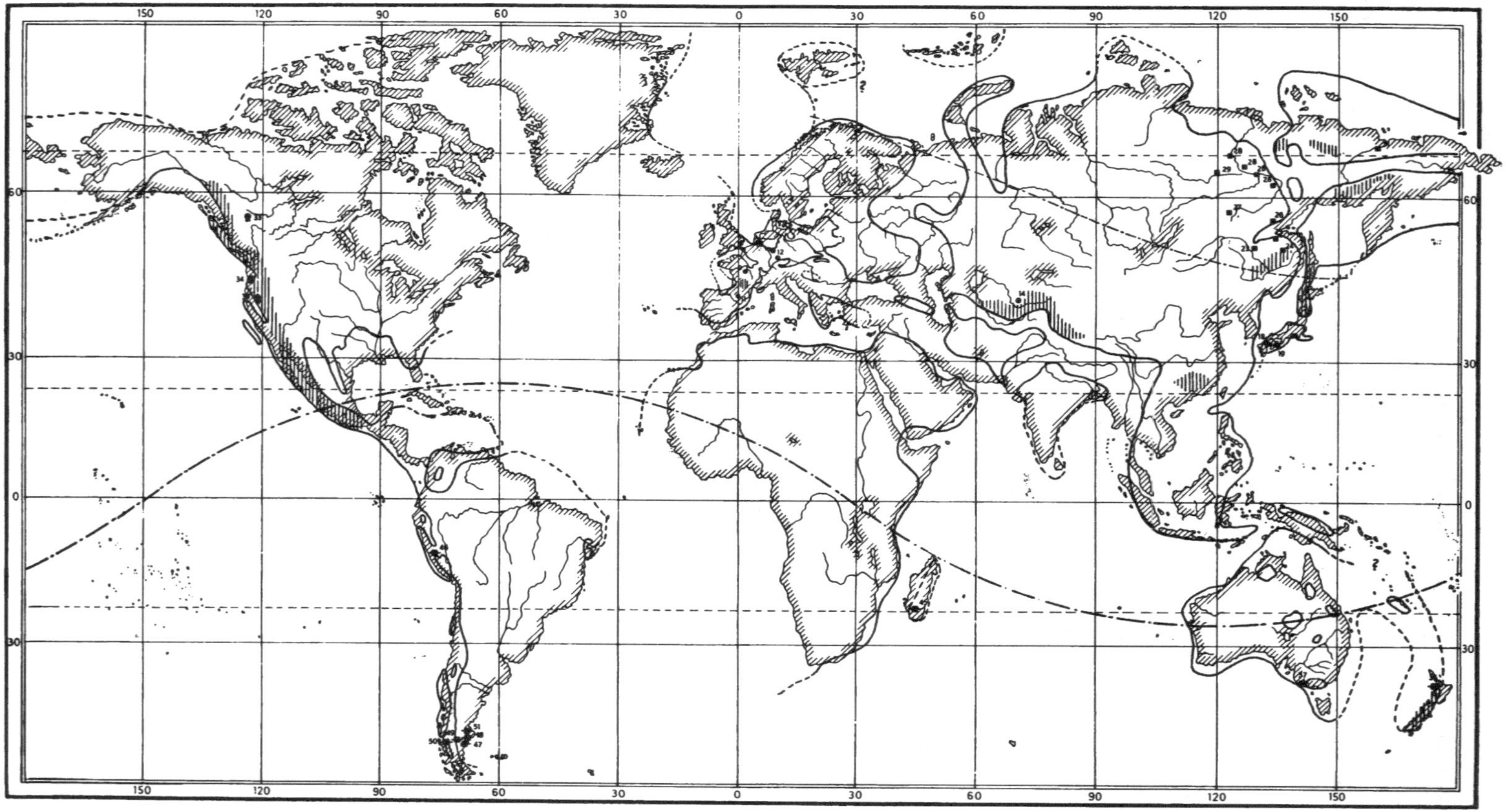

Abb. 12. Fundstellen der Floren des oberen Malm (Welt)

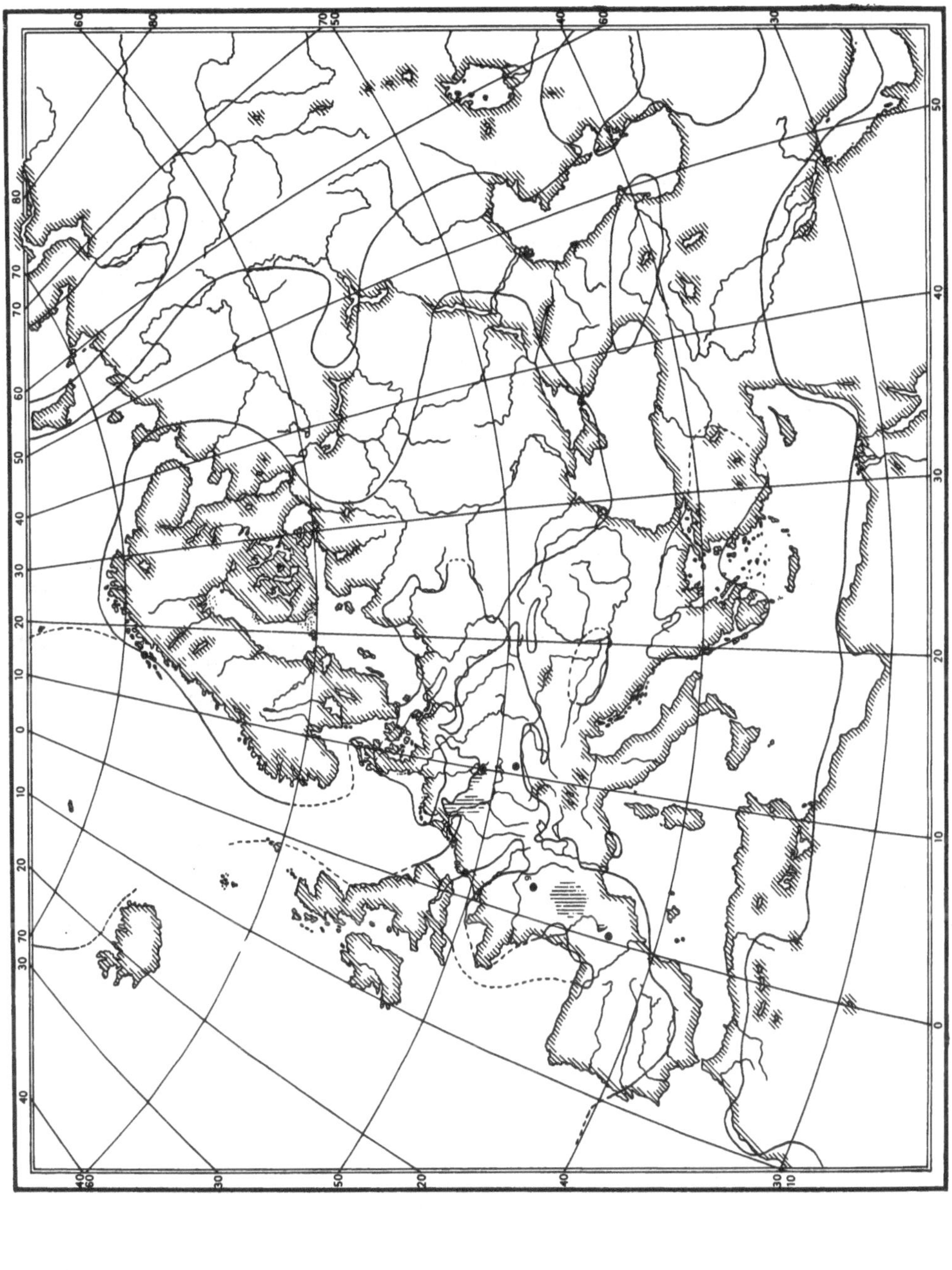

Abb. 13. Fundstellen der Floren des oberen Malm (Europa)

Arten aus Tasmanien. Die in letzterer Arbeit dargestellten Rekonstruktionen der Triebstücke dieser Coniferen lassen die Schuppenblättchen zum Teil dick und beinahe sukkulent wirken. Aus den an wohlerhaltenen tierischen Fossilien so reichen Ablagerungen des oberen Malm im Südwesten der BRD (Solnhofen, Nusplingen) sind nur wenige Pflanzenreste bekannt (SALFELD 1907). Ihr morphologischer Bau trägt xeromorphe Merkmale, wie die lederartig anmutenden Fiedern des dort häufigsten Pflanzenfossils *Lomatopteris jurensis* mit dem typischen umgeschlagenen Blattrand oder die Schmalblättrigkeit der nicht genau definierten *Baiera*-Art. Daneben kommen nur schlecht bestimmbare Coniferen-Reste aus den Gattungen *Brachyphyllum* und *Palaeocyparis* sowie araucarienähnliche Schuppenblättchen sehr unsicherer Stellung vor.

Demgegenüber sind weiter nördlich in den Einbeckhäuser Plattenkalken bei Lauenstein, Ahlem und Süntel außer *Lomatopteris* sp. *Cladophlebis*, *Pagiophyllum*, *Sphenolepidium* und *Nageiopsis* gefunden worden (SALFELD 1909). Die fortschreitende Florenverarmung macht sich in den übrigen Obermalm-Floren in Frankreich sowie in der weiter nördlich gelegenen von Andö, wo neben *Elatocladus* ebenfalls *Sciadopitytes*-Nadeln häufig gefunden wurden, bemerkbar. Die auffällige Kleinblättrigkeit, die viele Malm-Pflanzen zeigen, ist bei verschiedenen Arten in der Unterkreide Spitzbergens ebenfalls zu beobachten. Diese Pflanzen von der Adventsbucht und dem Kap Staratschin, über die NATHORST bereits 1897 berichtete, wurden früher noch zum obersten Jura gerechnet. Heute stellt man sie nach FREBOLD (1935) zur Unterkreide. Sie sehen insgesamt sehr dürftig aus, was möglicherweise sowohl auf ihren nördlichen Standort als auch auf einen Mangel an Feuchtigkeit zurückgeführt werden kann.

Die Ablösung der großlaubigen Formen des Lias und Dogger durch vorwiegend kleinblättrige Gewächse im Malm sowie die Florenzusammensetzung insgesamt, stimmen mit den aus den übrigen Klimazeugnissen gewonnenen Aussagen über zunehmende Erwärmung und Aridisierung im Malm Europas gut überein.

#### 4.4.1.2. Mittel- und Ostasien

Aus dem gesamten mittelasiatischen Raum, der im Lias und Dogger so reich an Pflanzenfossilien war, ist für den Malm lediglich die Flora von Karatau bekannt geworden. In der VR China sind ebenfalls nur wenige Pflanzenfunde gemacht worden. In Japan dagegen setzt sich die im Lias und Dogger so reiche Florenentwicklung durch den Malm bis in die Kreide hinein fort.

| Nr. | Fundort | Altersstellung | Autor |
|---|---|---|---|
| 14 | Karatau, Südkasachstan, UdSSR | oberer Malm | VACHRAMEEV 1964 |
| 15 | Nordostchina, VR China | ? | VACHRAMEEV 1964; |
| 16 | Tung-Ning, Provinz Pin-chiang, VR China | Malm | OISHI 1935 |
| 17 | Kuzuryu-Untergruppe, Hida, Japan | Kimmeridge | KIMURA 1958, 1959 |
| 18 | Kiyosue-Flora, Nagato, Japan | oberer Malm | TAKAHASI 1958 |
| 19 | Ryoseki-Serie, Kii, Awa, Japan | oberster Malm? | YOKOYAMA 1894 |

Der Standort der Karatau-Flora, die nach VACHRAMEEV (1964) in den oberen Teil des Malm zu stellen ist, schmiegte sich von Norden an das in diesem Gebiet in jener Zeit vorhandene Gebirge. Offenbar waren dadurch günstige klimatische Bedingungen gegeben, die das Pflanzenwachstum ermöglichten, obwohl die Kohlenbildung im mittelasiatischen Raum längst beendet war.

In dieser Flora waren neben einer größeren Anzahl Filicales einige Arten von *Coniopteris* und *Cladophlebis*, *Clathropteris* sowie verschiedenen *Sphenopteris* die Bennettiteen reich entwickelt. Außer mehreren *Otozamites*-Arten gab es *Ptilophyllum, Pterophyllum, Pseudocycas, Zamites*, dazu *Wielandiella, Williamsonia* und eine *Nilssonia*-Art. Diese Pflanzen, die ebenso im Dogger gewachsen sein könnten, wurden hier zusammen mit vielen verschiedenen Coniferen und wenigen Ginkgophyten aufgefunden. Dieser Coniferen-Reichtum ist für den Malm charakteristisch, besonders aber das Vorherrschen von *Brachyphyllum* und *Pagiophyllum* neben *Elatocladus, Cupressinocladus, Podozamites* und einer *Pityophyllum*-Art.

Das Auftreten der Reliktgattung *Clathropteris* im Karatau, das Vorhandensein von mehreren *Otozamites*-Arten und verschiedenen Ginkgophyten, die in den Malm-Floren Europas in etwa gleicher südlicher Breite fehlen, deutet auf etwas günstigere Bedingungen, sowohl hinsichtlich der Temperatur als auch des Feuchtigkeitsangebots, die sich eventuell aus der Lage am Gebirge erklären lassen.

Im Gegensatz zu Europa sind zwischen den Dogger- und Malm-Floren in Ostasien nicht so große Verschiebungen festzustellen. Die Unterschiede äußern sich z. B. im Auftreten von *Dictyozamites* und einer reduzierten Artenanzahl bei den Nilssonien, wie sie in der Kiyosue-Flora zu beobachten ist. Die Coniferen haben ihren im Dogger erreichten Entwicklungshöhepunkt in diesen Floren offenbar bereits überschritten. Sie werden in Japan lediglich durch wenige Formen von *Brachyphyllum* und *Torreya*, in der ostchinesischen Flora durch *Pityophyllum* vertreten. *Podozamites* ist überall häufig. Die im Dogger Ostasiens so charakteristische Polypodiacee *Onychiopsis* kommt außer in der innerchinesischen in allen Floren vor. Als Vertreter der Formgattung *Sphenopteris* ist aus den japanischen Floren die Art *Sphenopteris goepperti* Dunk. zu nennen.

Daß die Erwärmung sich zugleich in Ostasien ausgewirkt hat, kann aus der Abnahme der Ginkgophyten abgeleitet werden. Wenngleich in Hida und Nagato Reste dieser Gruppe gefunden wurden, so bezeichnet Kimura sie doch als selten.

Ob die Schichten, in denen die zentralchinesischen Pflanzenreste enthalten sind, bereits zum Malm oder noch zum mittleren Jura gehören, ist nach Ansicht der chinesischen Geologen (zitiert in Vachrameev 1964) fraglich.

#### 4.4.1.3. Sibirien

| Nr. | Fundort | Altersstellung | Autor |
|---|---|---|---|
| 20 | Soswa-Becken, Nordural | Oxford | Vachrameev 1964 |
| 21 | Westsibirien | unterer Malm | |
| 22 | Schilka/Argun | unterer Malm | |
| 23 | Seja-Becken | Malm | |
| 24 | Bureja-Becken | oberer Malm | |
| 25 | Toroma | oberer Malm | |
| 26 | Tok-See | Malm | |
| 27 | Südjakutisches Becken | oberer Malm | |
| 28 | Lena-Kohlenbecken | Malm | |
| 29 | Wiljui | oberer Malm | |
| 30 | Kolyma-Becken | mittlerer Malm | |
| 31 | Anjui-Becken | oberer Malm | |

Das eigentliche Zentrum des Pflanzenwachstums im Malm scheint auf der nördlichen Hemisphäre die nordöstlichste Region Asiens gewesen zu sein. Hier entfalteten die Jura-Pflanzen noch einmal ihre Formenfülle und hierher zog sich ein Teil der Arten zurück, die dem trockenen Klima in den mittleren und südlichen Breiten offenbar nicht gewachsen waren. Es entwickelten sich unter den Cycadophyten die neuen Gattungen *Heilungia* und *Bureja* sowie mehrere Lokalarten bei den Nilssonien und den Filicales.

Die sich in diesem Gebiet günstig auswirkende Wärmezufuhr bei sicher reichlichen Niederschlägen schuf optimale Wachstumsbedingungen und damit die Grundlage für die Produktion der in den gewaltigen Kohlenlagern dokumentierten Pflanzenmasse. In diesem Gebiet setzte sich die Kohlenbildung durch den Malm bis in die Kreide hinein fort. Die Grenze zwischen der indoeuropäischen und der sibirischen Region verschob sich nach Vachrameev im Malm nach Norden. Insbesondere in ihrer Nähe verstärkt sich der Cycadophyten-Anteil in den Floren. *Nilssonia* mit zahlreichen verschiedenen Arten, daneben *Pterophyllum*, *Anomozamites*, *Taeniopteris* und sogar *Ctenis* treten auf. An der bereits im Lias und Dogger für die sibirischen Floren typischen Zusammensetzung aus vielen Farnen mit dem Vorherrschen von *Coniopteris* und *Cladophlebis* einschließlich ihrer Lokalformen, dem Reichtum an verschiedenen Ginkgophyten und Coniferen, unter denen mehrere *Pityophyllum*-Arten charakteristisch sind, hat sich wenig geändert; wenn besonders unter den Filicales mit *Sphenopteris* und Coniferae mit *Arthrotaxopsis*, *Cephalotaxopsis* und *Taxocladus* auch einige für dieses Gebiet neue Elemente auftreten.

Die Floren des Amur-Gebiets mit ihrem bemerkenswert hohen Cycadophyten-Anteil faßte Vachrameev zur Amur-Provinz zusammen. Die Floren der weiter nördlich gelegenen Lena-Provinz enthalten bis auf *Heilungia*, die im gesamten sibirischen Raum vorkommt, nur wenige Cycadophyten-Arten. Sie ähneln dadurch noch weitgehender den sibirischen Floren im älteren Jura.

Besonders auffällig ist die Artenarmut der unmittelbar in der Nähe der Vachrameevschen Grenze der sibirischen Region gelegenen Flora Westsibiriens. Die hier gefundenen Pollen der Gattung *Classopollis* lassen die Verbreitung von *Brachyphyllum* bis in dieses Gebiet während des Malm vermuten. In Innerasien sind die mittleren Breitenlagen im Malm ebenfalls florenleer, so daß die Ausdehnung eines Trockengürtels nicht nur über Europa, sondern auch über diese Gebiete als wahrscheinlich anzusehen ist.

#### 4.4.1.4. Nordamerika

| Nr. | Fundort | Altersstellung | Autor |
|---|---|---|---|
| 32 | Cape Lisburne, Alaska | unterer Malm | Knowlton 1914 |
| 33 | Kootenay, Westkanada | Portland/Purbeck | Berry 1929; Bell 1956 |
| 34 | Oregon; Nordkalifornien | ab Kimmeridge | Knowlton 1910; Crickmay 1931 |
| 35 | Oroville, Kalifornien | Malm | Fontaine 1905 |

In Schichten des Malm im westlichen Nordamerika gibt es eine größere Anzahl Pflanzenfossilien. Die am weitesten nördlich gelegene Flora ist die von Cape Lisburne. Sie stammt aus mehreren Fundorten entlang der heutigen Nordwestküste Alaskas. Trotz der Herkunft der Pflanzen aus verschiedenen Horizonten der Corwin-Formation, die 40 bis 50 wechselnd mächtige Kohlenschichten enthalten und Dicken bis zu 5000 m erreichen soll, muß diese Flora nach Knowlton (1914) als außerordentlich einheitlich betrachtet werden. Nach seinen Angaben ist sie altersmäßig an der unteren Grenze des Malm anzusetzen, und sie ist nicht jünger als Oxford. Die in Sandstein eingebettete Flora besteht aus zwei *Coniopteris*- und einer *Cladophlebis*-Art, mehreren Ginkgophyten und Coniferen, *Equisetites* und *Podozamites* sowie einer *Otozamites*. Mit dieser Zusammensetzung entspricht sie den Floren der sibirischen Region in Nordasien. Acht der gefundenen Arten sind ebenfalls aus dem Amur-Gebiet bekannt.

Die Floren Oregons und Kaliforniens wuchsen entsprechend den paläogeographischen

Aussagen in Küstennähe. Ihre Altersbestimmung erwies sich als recht problemreich. Während WARD (1898—1899) und FONTAINE (1905) diese Pflanzen mit Yorkshire verglichen und danach zum Oolith rechneten, werden die reichen Funde entsprechend ihrer Zugehörigkeit zu verschiedenen Horizonten von anderen Autoren (KNOWLTON 1910; CRICKMAY 1931) in den oberen Jura und die untere Kreide eingeordnet.

Auf Grund fehlender mariner Fossilien ist die Malm/Kreidegrenze in Nordamerika schwer festzustellen.

Die über der Fernie-Gruppe liegenden Horizonte, die die Kootenay-Flora enthalten (POCOCK 1962), reichen nach GUSSOW (1960) vom Portland bis zum Wealden. Die in den Morrisson-Schichten gefundenen samenartigen Organe unsicherer Zugehörigkeit [nach CHANDLER (1966) eventuell zu den Cycadales und den Taxodiaceae gehörend] stammen gleichfalls aus diesem Zeitraum. Die berühmten dicken, gedrungenen Cycadeoidea-Typen von den Black Hills erreichen nach DELEVORYAS (1969) ihre Hauptverbreitung erst in der Kreide. Floristisch ist kein extremer Wechsel zwischen den Jura- und Unterkreide-Floren festzustellen.

Der Anteil der Cycadophyten an den Malm-Floren des westlichen Nordamerika war recht hoch. Vor allem die Nilssonien sowie *Pterophyllum* und *Taeniopteris*, ferner *Ctenis*, traten mit mehreren Arten auf. In Kootenay gab es außerdem *Ptilophyllum* und *Otozamites*, in Oroville *Otozamites* und *Ctenophyllum*. Daneben waren besonders in diesen beiden Floren die Filicales-Arten gut entwickelt. Mit *Polypodium oregonense* FONTAINE, der charakteristischen Gattung *Onychiopsis* und den *Sphenopteris*-Formen traten neben *Coniopteris* und *Cladophlebis* schon recht moderne Typen auf. Die Unterschiede zwischen den drei westamerikanischen Floren bestehen vor allem in dem Fehlen von *Sagenopteris* und *Brachyphyllum*, einer stärkeren Ausbildung der *Sphenopteris*-Arten und der Anwesenheit von *Ptilophyllum* in der Kootenay-Flora. Sie lassen für diese mehr kontinentale Flora auf größere Wärmezufuhr schließen, die durch die ozeanischen Einflüsse in den weiter südlich in Küstenrandgebieten gelegenen kalifornischen Floren gemildert wurde.

Der Artenreichtum an Ginkgophyten, die auftretenden Coniferen, unter ihnen *Brachyphyllum mamillare*, und die Cycadophyten lassen deutliche Beziehungen zu den nordeuropäischen Malm-Floren erkennen. Dieser Eindruck wird durch das Vorkommen von *Onychiopsis* und *Sagenopteris* noch verstärkt. Die Ähnlichkeit mit den gleichzeitigen Floren der sibirischen Region ist weitaus geringer.

Nach ihrer Zusammensetzung und ihrer Lage entsprechen diese Floren denen der indoeuropäischen Region.

### 4.4.1.5. Zusammenfassung nördliche Hemisphäre

Der Malm der nördlichen Hemisphäre ist gegenüber dem Lias und Dogger außerordentlich arm an überlieferten Floren. Diese Erscheinung verstärkt sich von den älteren zu den jüngeren Schichten noch.

Ein großer Teil der aus dem Dogger bekannten Pflanzen verschwand im Malm oder zog sich in nördlich gelegene Reliktareale zurück. Dies wird vor allem an den Ginkgophyten, die wohl den höheren Temperaturen, und verschiedenen Farngattungen, die der Trockenheit auswichen, aber auch an einigen Cycadophyten deutlich. Demgegenüber erweitern wärmeliebende Arten, wie *Brachyphyllum* und *Ptilophyllum* ihr Areal nach Norden, die Cycadophyten dringen in Nordostasien verstärkt in Gebiete vor, in denen sie im älteren Jura nur sporadisch auftraten. Lediglich die nördlichsten Floren Sibiriens und die Floren des ostasiatischen Küstengebiets (hier möglicherweise monsunbedingt) blieben im wesentlichen ziemlich unverändert gegenüber dem Dogger. Die Zusammensetzung der Floren läßt insbesondere in Europa, aber auch in Asien und Nordamerika, deutliche Nord-Süd-Unterschiede erkennen.

Die Florenentwicklung im Malm, insbesondere die fortschreitende Verarmung der europäischen Floren, steht in Einklang mit dem von den Paläoklimatologen auf Grund der lithogenetischen und paläozoologischen Klimazeugen entworfenen Bild einer zunehmenden Erwärmung und Aridisierung.

In Nordamerika herrschten offenbar noch etwas günstigere Bedingungen. Vergleicht man die Floren des Malm mit denen des Dogger, so sind weitaus deutlichere Veränderungen festzustellen als zwischen Lias und Dogger.

Sie drücken sich in der starken Verringerung des Anteils an Filicales und den modernen Formen unter ihnen ebenso aus, wie in der Entwicklung vieler neuer Coniferen, besonders der xeromorphen Typen, die einen führenden Platz unter den Pflanzen des Malm einnehmen.

Das Verbreitungsverhalten von *Sagenopteris* und *Brachyphyllum* zeigt, daß im Malm Unterschiede zwischen ozeanisch und kontinental beeinflußten Floren vorhanden waren. Nur im obersten Malm Nordostsibiriens (Wiljui- und Südjakutisches Becken) dringen zwei nicht näher bezeichnete Spezies von *Brachyphyllum* etwas weiter in das Landesinnere vor.

### 4.4.2. Die Gondwana-Gebiete

| Nr. | Fundort | Altersstellung | Autor |
|---|---|---|---|
| 36 | Waikato, Auckland, Neuseeland | oberster Jura | EDWARDS 1934 |
| 37 | Killara bei Casterton, Australien | oberster Jura? | MEDWELL 1954 |
| 38 | Tabbowa, Sri Lanka | Oxford | SITHOLEY 1944, 1954 |
| 39 | Andigama, Sri Lanka | | SAH 1953; SITHOLEY 1954 |
| 40 | Kota-Serie, Madrasküste, Indien | Oxford | SITHOLEY 1954 |
| 41 | Kota-Serie, Ongole, Madrasküste, Indien | Oxford? | SURYANARAYANA 1954 |
| 42 | Jabalpur-Serie, Indien | Kimmeridge | SITHOLEY 1954 |
| 43 | Jabalpur-Serie, Bansa, Chandia, Indien | Kimmeridge | BOSE 1964; SUKH DEV 1959 |
| 44 | Ghar Rhouban, Marokko | Unterkimmeridge | PRINCIPE 1940; KRENKEL 1957 |
| 45 | Madagaskar | Malm? | FURON 1941 |
| 46 | Umgebung von Lima, Peru | oberster Jura | SALFELD 1910; BERRY 1922 |
| 47 | El Mineral, Patagonien, Argentinien | | FERUGLIO 1951 |
| 48 | Estância Malacara, Argentinien | oberster Jura | FERUGLIO 1951 |
| 49 | La Guitarra, Argentinien | oberer Malm | FERUGLIO 1937 |
| 50 | Lago San Martin, Argentinien | oberer Malm | HALLE 1913b |
| 51 | Tico-Flora, Santa Cruz, Argentinien | oberer Malm | ARCHANGELSKY 1963; MENENDEZ 1966 |

Die Floren des Malm der Gondwana-Gebiete konzentrieren sich auf Indien und das südlichste Südamerika. Aus den übrigen Landgebieten der Südhemisphäre wurden Florenfunde nur sehr vereinzelt gemeldet.

#### 4.4.2.1. Australien und Neuseeland

EDWARDS berichtete 1934 über eine Flora von der Nordinsel Neuseelands. Ihre Hauptkennzeichen sind die zahlreichen verschiedenen Coniferen-Gattungen, unter ihnen *Palissya*, *Elatocladus* und *Araucarites*, das Auftreten mehrerer Arten von *Cladophlebis* sowie von *Coniopteris hymenophylloides*, ferner das Fehlen der Ginkgophyten. Mit *Taeniopteris spathulata* ist eine typische Gondwana-Art vorhanden, an Cycadophyten gibt es lediglich *Nilssonia elegans* ARBER in dieser Flora. Diese Zusammensetzung läßt auf ein nur mäßig warmes Klima schließen.

In der südaustralischen Flora ist *Taeniopteris spathulata* ebenfalls vertreten. Das Vorkommen von *Brachyphyllum* und *Sphenopteris* deutet auf etwas höhere Temperaturen, das Fehlen weiterer Farne in dieser Flora auf geringeres Feuchtigkeitsangebot als in Auckland. Auffällig ist der Mangel an Cycadophyten.

### 4.4.2.2. Indien

Die Malm-Floren Indiens und Sri Lankas gehören nach SITHOLEY (1954) altersmäßig zu den oberen Gondwana-Schichten. Sie entsprechen dem Oxford und dem Kimmeridge, während die Umia-Gruppe schon in die Kreide zu stellen ist.

Gegenüber der Rajmahal-Flora sind diese Floren weitaus artenärmer. Die Tabbowa-Schichten lieferten nur wenige Farnreste, unter ihnen eine *Sphenopteris*-Form, einige Coniferen, ferner *Brachyphyllum mamillare, Araucarites cutchensis* FEISTM. und *Elatocladus*; Bruchstücke der Bennettiteen-Gattungen *Ptilophyllum* und *Otozamites* sowie einer *Taeniopteris*. In Andigama wurde an Großresten lediglich ein *Cladophlebis* sp. und eine *Elatocladus plana* (FEISTM.) gefunden. SAH (1953b) beschrieb aus diesen Schichten Mikrofossilien, die die Anwesenheit von *Pagiophyllum, Brachyphyllum, Otozamites* und *Ptilophyllum* andeuten.

Die Kota-Horizonte enthalten außerordentlich zahlreich Coniferen, daneben einige Cycadophyten, unter ihnen wiederum *Ptilophyllum* sowie *Taeniopteris spathulata*. Die Farne treten bis auf zwei *Cladophlebis*-Arten fast völlig zurück. Einen ähnlichen Aufbau zeigt die Jabalpur-Flora, doch sind hier noch weniger Cycadophyten gefunden worden. Spärliche, seltene Reste von *Ginkgoites* zeigen, daß die Ginkgophyten in diesen Gebieten Fuß zu fassen suchten. Die deutliche Verarmung der indischen Floren, besonders an Filicales und Cycadophyta gegenüber den Rajmahal-Schichten und der Fortbestand des Coniferen-Anteils in den Floren des Malm sind möglicherweise als bis hierher spürbare Auswirkungen der zunehmenden Aridisierung aufzufassen, könnten aber auch mit der von den Geologen angenommenen höheren Lage dieses Gebiets in jener Zeit in Verbindung gebracht werden. Daß das Klima sehr warm blieb, zeigen die Vertreter von *Ptilophyllum* und *Brachyphyllum*, die in allen indischen Malm-Floren vorhanden waren.

### 4.4.2.3. Afrika und Vorderasien

Auch im Malm sind afrikanische Florenreste bisher zu den größten Seltenheiten zu zählen. FURON (1941) nennt aus einer nicht genau bezeichneten Fundstelle auf Madagaskar *Pagiophyllum* und *Brachyphyllum*. Da diese Reste jedoch zusammen mit *Laurinoxylon* gefunden wurden, ist ihre Malm-Zugehörigkeit fraglich.

In einer Bohrung in der Kharga-Oase in der westlichen ägyptischen Wüste wurden nach HELAL (1965) Pollen nicht näher bezeichneter Gattungen der Familien Gleicheniaceae, Osmundaceae, möglicherweise auch von Dicksoniaceae oder Cyatheaceae sowie Araucariceae genannt.

Am gesichertsten sind wohl die pflanzlichen Reste aus Ghar Rhouban, Marokko, die in zwei *Coniopteris*-Arten, einer *Equisetites* und einer *Thinnfeldia* bestehen.

Aus den berühmten Tendaguru-Schichten Ostafrikas berichtete GOTHAN (1925—1927) von einem araucarioiden Coniferen-Zapfen. Aus dem Inneren des Kontinents ist eine Flora des Malm bisher nicht bekannt geworden.

Ebenfalls zweifelhaft ist die Altersstellung eines *Cupressinocladus ramonensis* genannten Coniferen-Restes, den LORCH (1963) aus Südisrael beschreibt.

### 4.4.2.4. Südamerika

Die südamerikanischen Malm-Floren, die altersmäßig genauer definiert wurden, liegen ähnlich wie die Nordamerikas in den Jura/Kreide-Grenzschichten. Salfeld (1910) nannte von Peru einige *Cladophlebis*- und *Coniopteris*-Arten, dazu *Brachyphyllum, Pagiophyllum, Taeniopteris* und einen fraglichen Rest von *Otozamites*. Weitaus artenreicher ist die Flora, die von Archangelsky (1963) und Menendez (1966) bearbeitet wurde. Sie enthält 17 Bennettiteen-Arten aus sieben Gattungen, darunter *Ptilophyllum, Otozamites, Dictyozamites, Pterophyllum* und mehrere Williamsonien, die auf gute Bedingungen für die Bennettiteen schließen lassen. Außerdem wurden vier neue *Brachyphyllum*- und zwei neue Ginkgophyten-Arten aufgestellt. Daneben kamen an Coniferen noch *Athrotaxis* und *Tomaxellia* vor, wie Kutikulen beweisen. Einige Fiederblättchen mit eingesenkten Spaltöffnungen, für die neue Gattungen gebildet wurden, erinnern an *Pachypteris* oder ähnliche Formen. Diese recht xeromorph anmutende Flora ist nach Archangelsky (1963) in Ablagerungen eingebettet, die als Wüstensedimente gedeutet werden können. In den unmittelbar darüber liegenden Schichten kommen *Hausmannia, Gleichenites* und *Cladophlebis* vor. Etwa gleichaltrig ist die Flora vom Lago San Martin, Argentinien, die sich vorwiegend aus Farnen, darunter *Gleichenites, Onychiopsis* und mehrere *Sphenopteris*, zusammensetzt. Dazu gehören weiter *Ptilophyllum acutifolium*, eine *Baiera, Athrotaxis* und *Elatocladus*. *Podozamites* ist fraglich. Die vielen Filicales und die Anwesenheit eines Moos-Restes unter den Pflanzen deutet auf ausreichendes Feuchtigkeitsangebot. Einen ähnlichen Farnreichtum zeigt die Flora von La Guitarra, über die Feruglio (1937) berichtete und die *Hausmannia* enthält. Diese Flora wird gleichermaßen in den obersten Jura gestellt. Nicht ganz eindeutig definiert ist das Alter der Floren, die von Feruglio (1951) beschrieben wurden, doch die Möglichkeit der Gleichaltrigkeit mit der von La Guitarra wird angedeutet. Diese Floren sind beide weitaus artenärmer. Die Flora von El Mineral ähnelt mit ihrem Bestand an Farnen, darunter wieder *Hausmannia* und *Gleichenites*, der von La Guitarra sehr stark. Das Vorhandensein von *Pityophyllum* in Malacara ist sehr fraglich. Das Fehlen der Farne bis auf *Cladophlebis australis* läßt auf nicht so günstige Wachstumsbedingungen in diesem Gebiet schließen. Vergleicht man die südamerikanischen Floren untereinander, so lassen sich von Norden nach Süden einige Veränderungen im Florenaufbau feststellen.

Die Flora von Peru erinnert mit ihrer Artenarmut und Zusammensetzung an die Floren des Oxford und Kimmeridge in Frankreich, die etwa gleichweit von dem für den Jura angenommenen Äquator entfernt waren. Zwischen den Floren von Tico, Santa Cruz und vom Lago San Martin sowie denen des Oxford und Kimmeridge aus dem nördlichen Europa besteht ebenfalls eine gewisse Ähnlichkeit. Diese Parallelität legt den Gedanken an ähnliche klimatische Bedingungen zur Zeit des Florenwachstums nahe. Die in der am nördlichsten gelegenen argentinischen Flora so zahlreichen Bennettiteen, unter ihnen *Ptilophyllum*, nehmen nach Süden stark an Bedeutung ab. Die Anwesenheit von mehreren Filicales, unter ihnen *Gleichenites*, läßt zumindest auf hohe Luftfeuchtigkeit schließen.

### 4.4.2.5. Zusammenfassung Gondwana-Gebiete

Der Charakter der Floren aus den verschiedenen Fundgebieten des Gondwana-Kontinents wirkt sehr uneinheitlich. Dies ist bei den weiten Entfernungen zwischen ihnen nicht verwunderlich. Aus den Unterschieden zwischen den Floren Indiens und Australiens wird deutlich, daß die Temperatur nach Süden abnahm, im Süden dagegen mehr Feuchtigkeit zur Verfügung stand. Dabei muß man in Betracht ziehen, daß auf Grund der damaligen geographischen Lage dieses Gebiets die Flora Neuseelands die südlichste des östlichen Gondwana-Kontinents war. Die

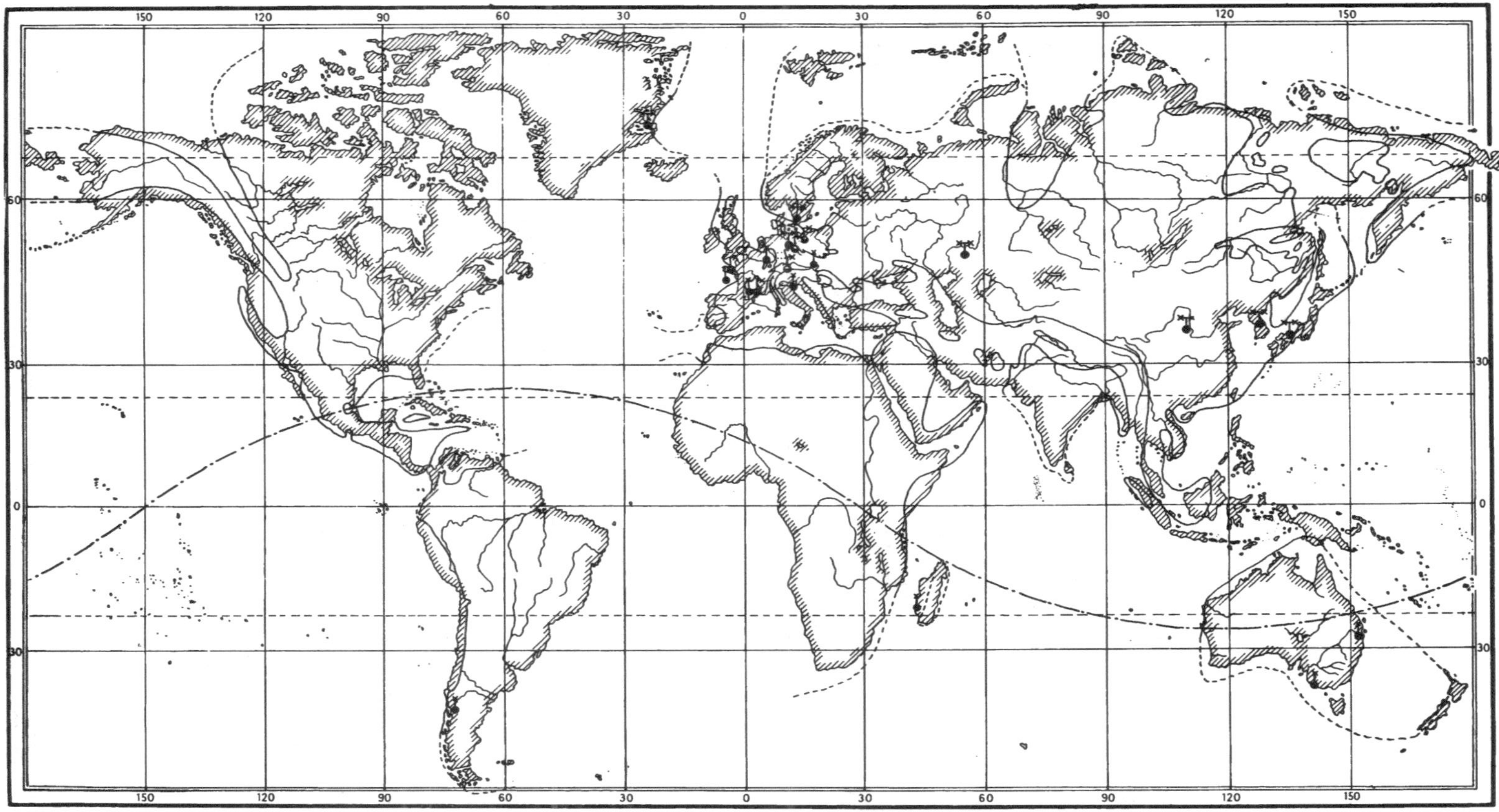


Abb. 14. Verbreitungskarte von *Swedenborgia*, *Cheirolepis* und *Brachyphyllum* im Lias

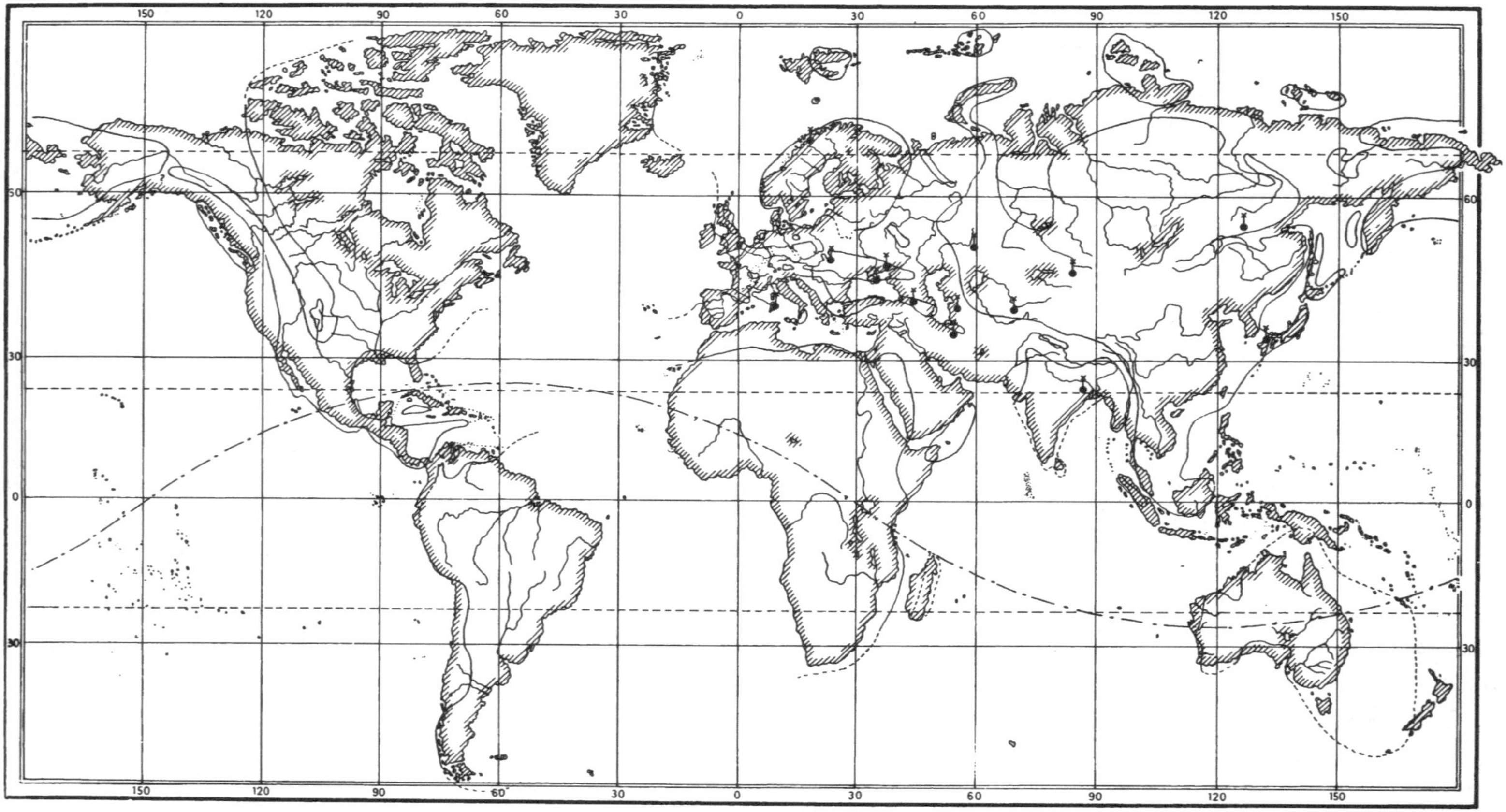


Abb. 15. Verbreitungskarte von *Brachyphyllum* im Dogger

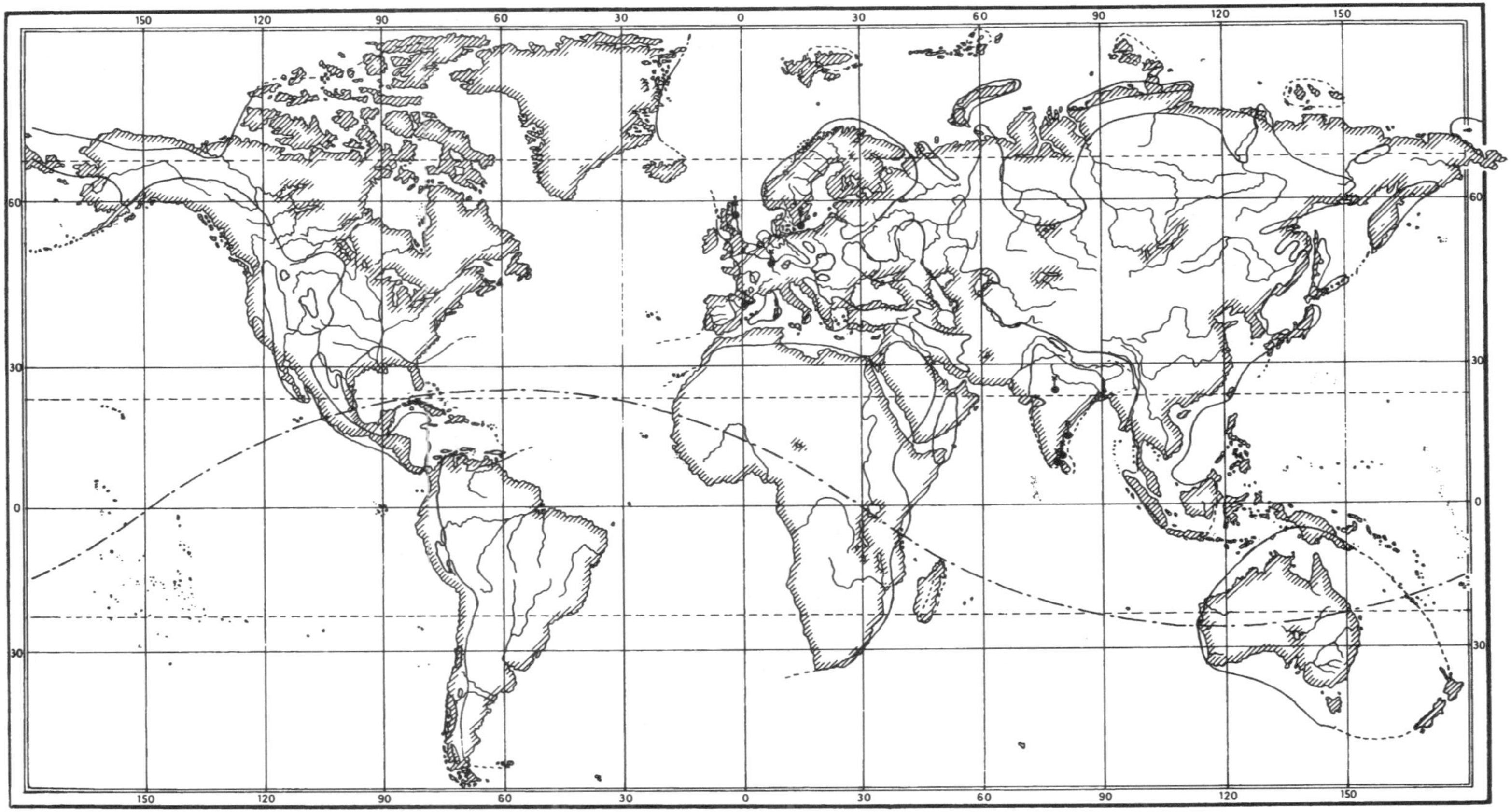


Abb. 16. Verbreitungskarte von *Brachyphyllum* im unteren Malm

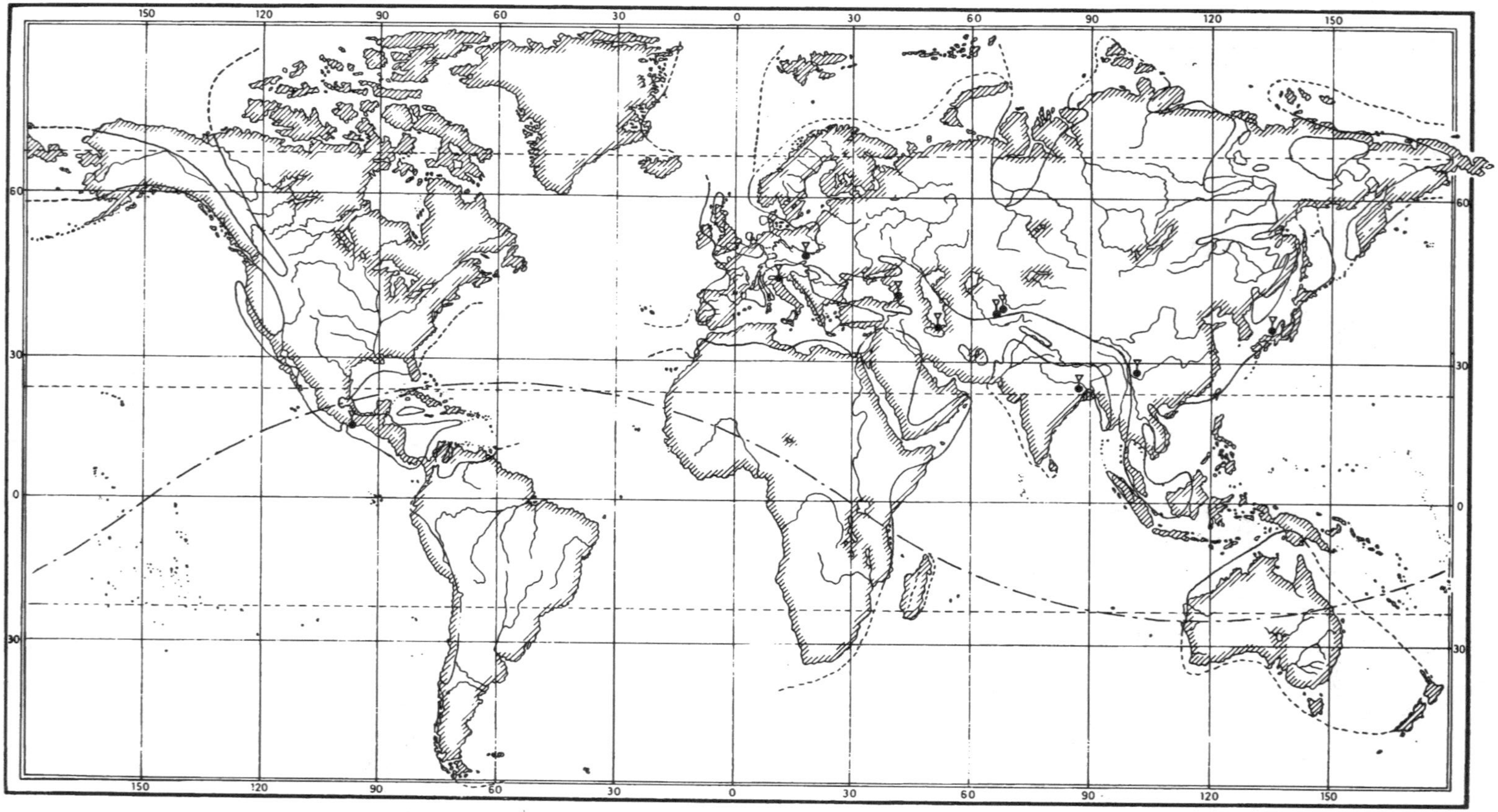


Abb. 17. Verbreitungskarte von *Ptilophyllum* im Lias

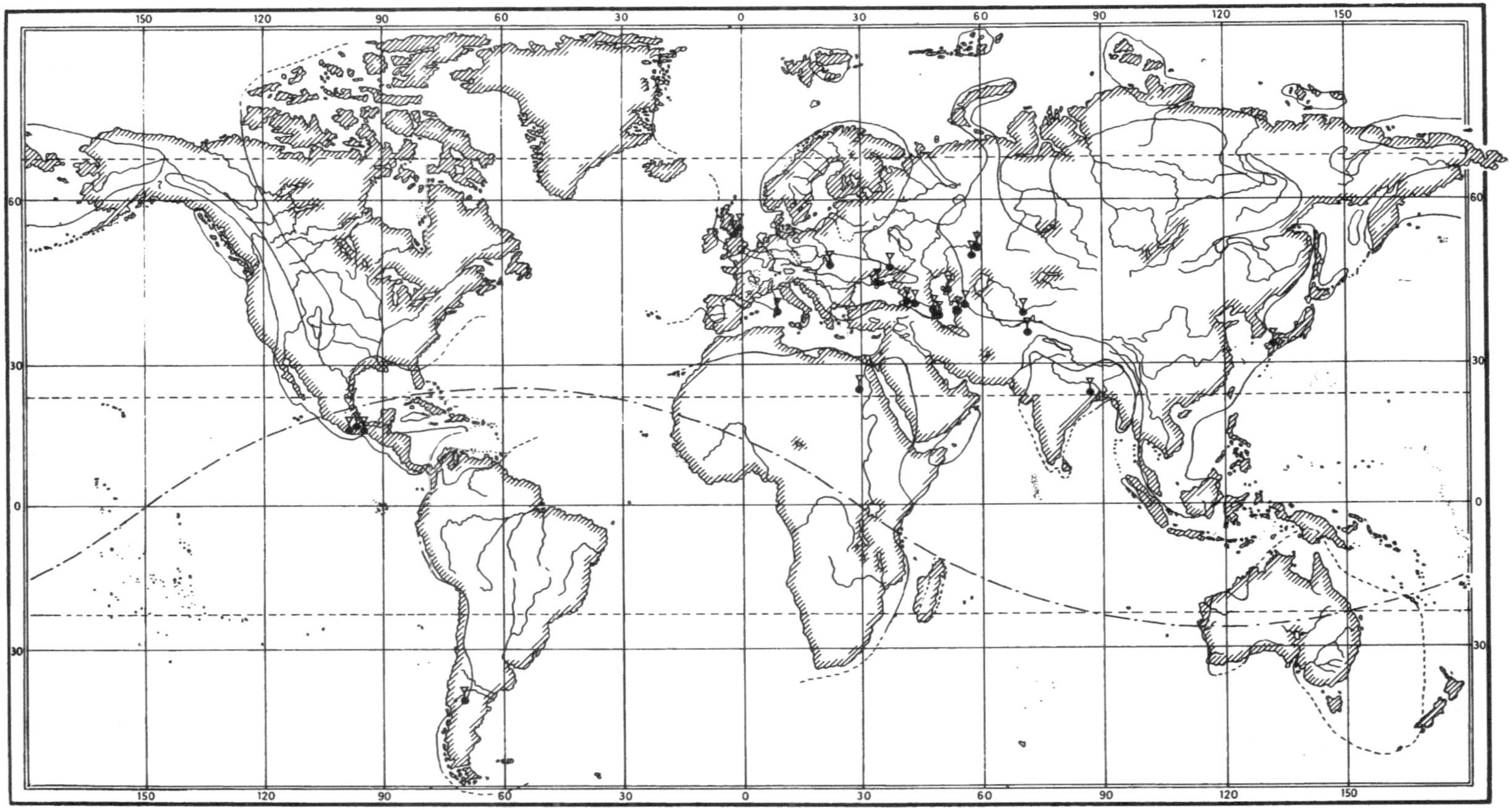


Abb. 18. Verbreitungskarte von *Ptilophyllum* im Dogger

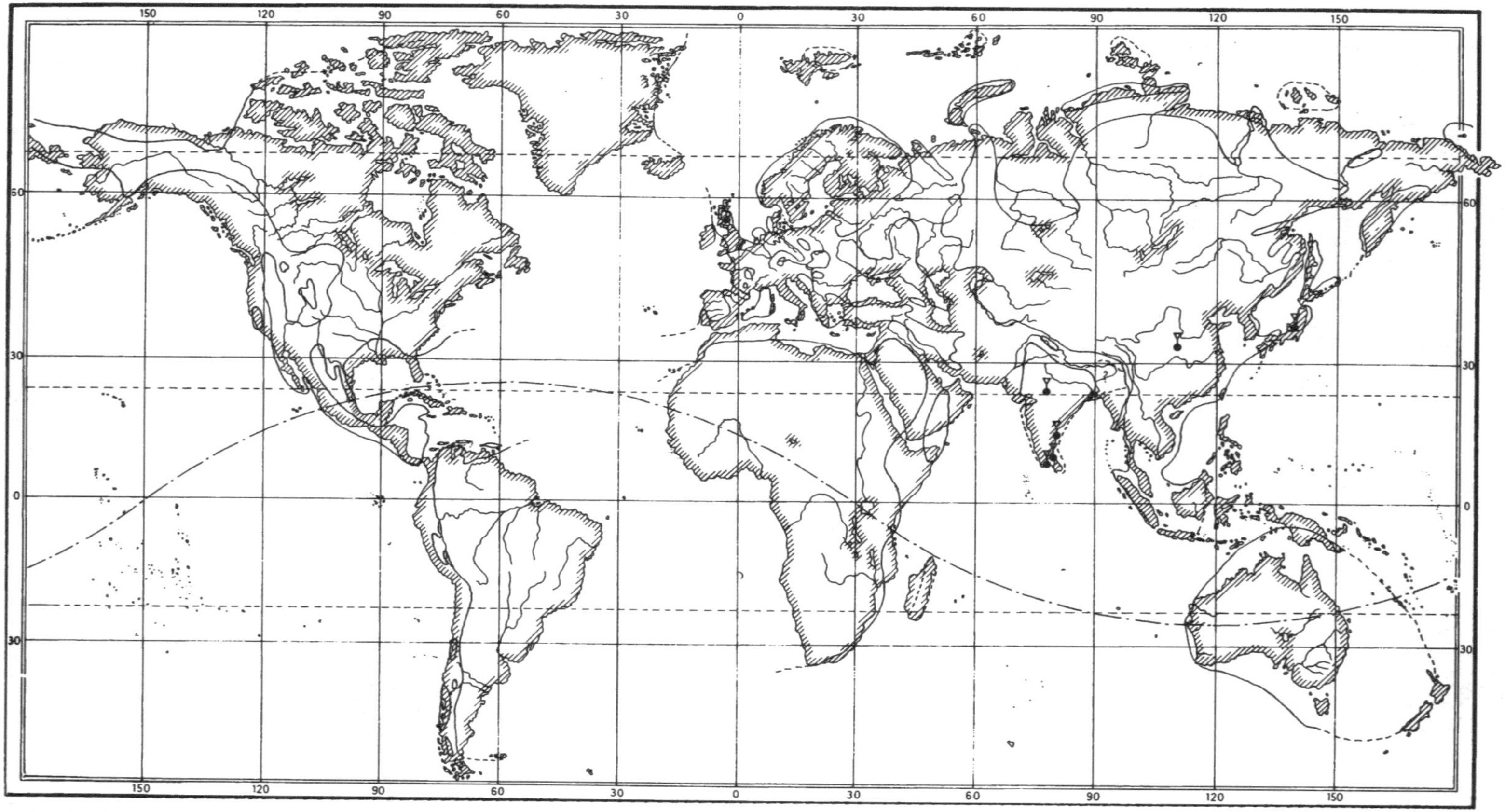


Abb. 19. Verbreitungskarte von *Ptilophyllum* im unteren Malm

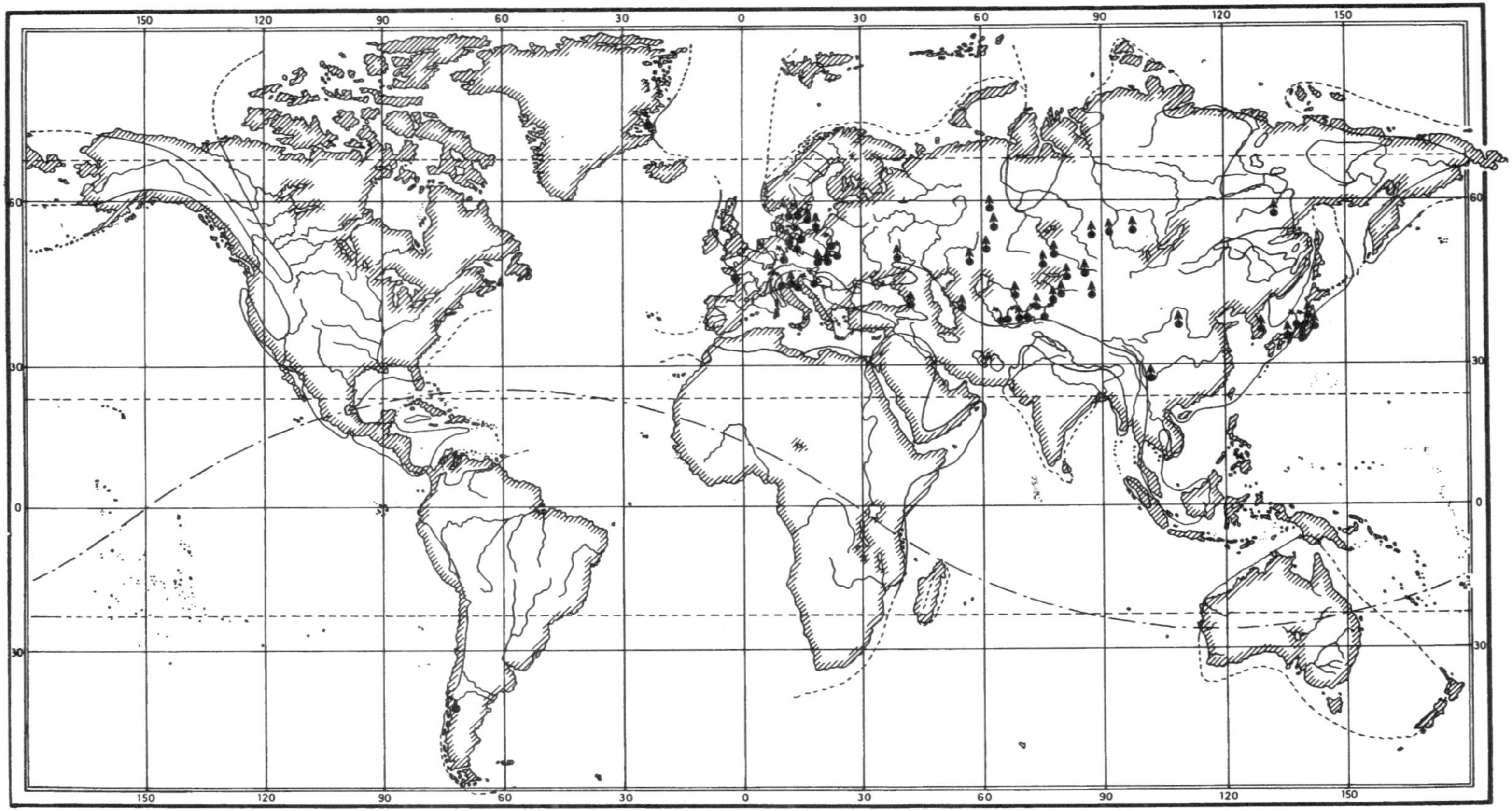


Abb. 20. Verbreitungskarte von *Sagenopteris* und *Pityophyllum* im Lias

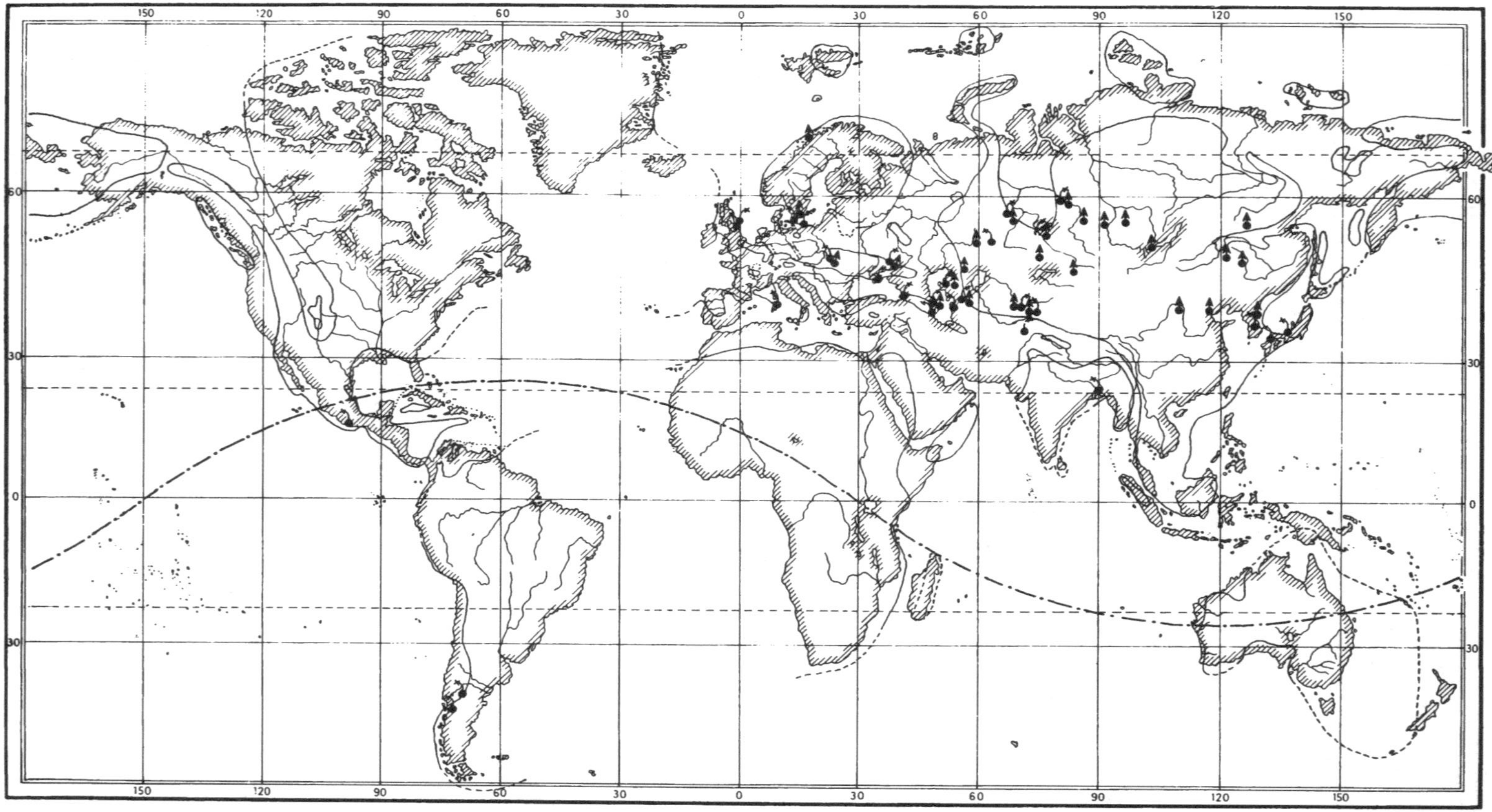


Abb. 21. Verbreitungskarte von *Sagenopteris* und *Pityophyllum* im Dogger

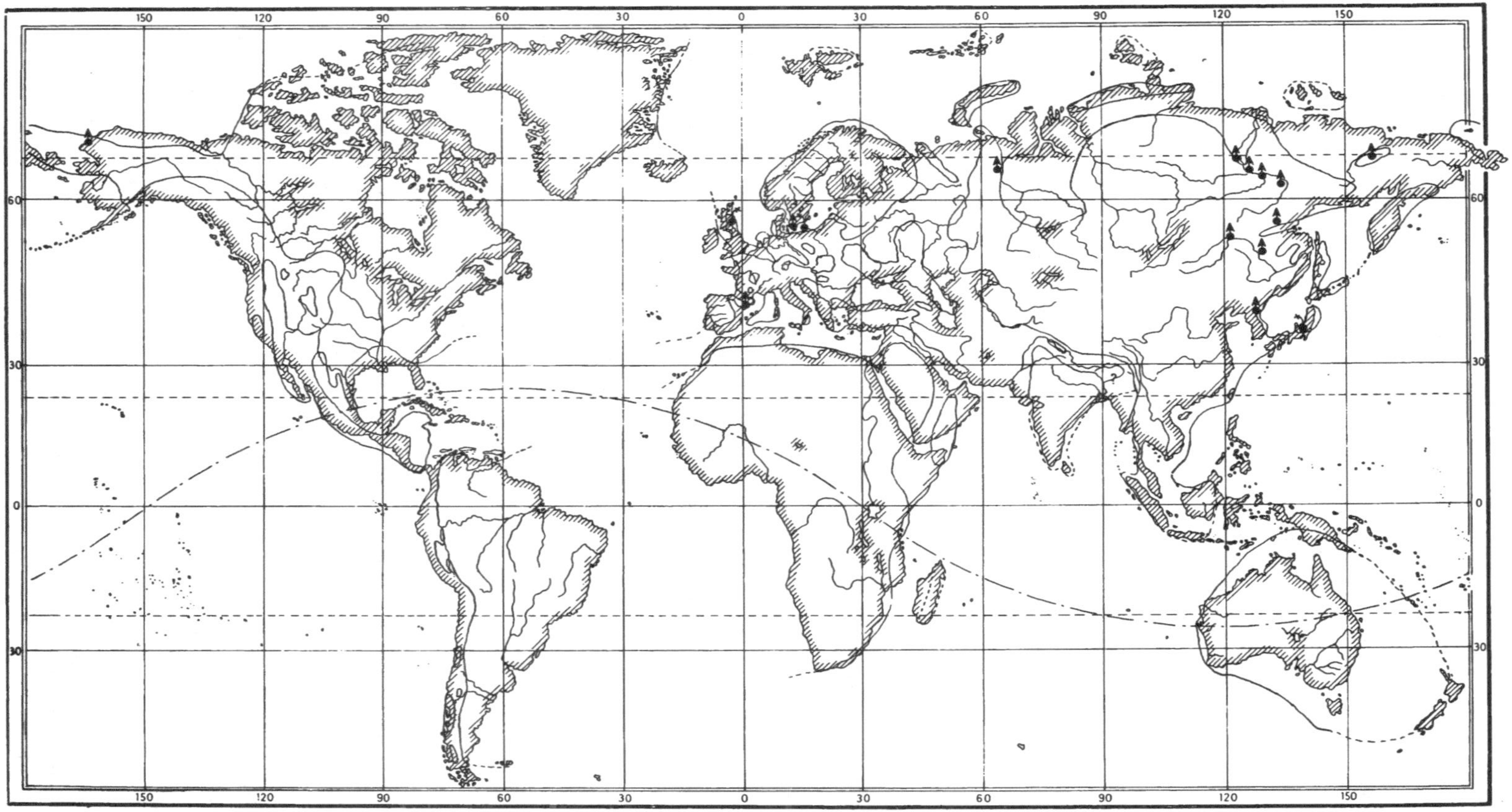


Abb. 22. Verbreitungskarte von *Sagenopteris* und *Pityophyllum* im unteren Malm

sporadischen Pflanzenreste aus dem afrikanischen Raum ermöglichen keine gesicherte Aussage, lassen aber den Schluß zu, daß auch im Malm die Bedingungen nicht so waren, daß sie das Wachstum einer ausgedehnten Vegetation und die Erhaltung einer bedeutenden Flora ermöglichten. Zwischen den Floren Südamerikas, die sich auf das westliche Küstengebiet und das südliche Argentinien beschränken, bestehen ebenfalls erkennbare Unterschiede. Die Pflanzenzusammensetzung der südlich gelegenen Floren beweist zumindest für den obersten Malm ein für das Wachstum von Farnen ausreichendes Feuchtigkeitsangebot sowie tropische bis subtropische, nach Süden zu absinkende Temperaturen.

In dem großen Anteil an ausschließlich auf die Gondwana-Gebiete beschränkten Gattungen und Arten (z. B. *Cladophlebis australis*, *Taeniopteris spathulata*, *Athrotaxis*, *Ticoa* und andere) sowie den verschiedensten neuen Formen zeigt sich die im Malm fortdauernde große Selbständigkeit der Florenentwicklung auf der Südhemisphäre. Obwohl die Tethys im Malm als trennendes Meer bestehen blieb und eine breite Zone trockensten Klimas zwischen Nord und Süd vorhanden gewesen sein muß, scheinen dennoch wenigstens zeitweise bestimmte Verbindungen gangbar gewesen zu sein. Nur so läßt sich das Vordringen von *Hausmannia*, *Gleichenites* und *Onychiopsis* in die südamerikanischen Floren des oberen Malm verstehen. Die Verbreitung verwandter Sauropoden in den Jura/Kreide-Grenzschichten Nordamerikas und Ostafrikas (Huene 1938) stützt diese Auffassung ebenfalls.

## 5. ERGEBNISSE, SCHLUSSFOLGERUNGEN

Abschließend werden die in der Untersuchung ermittelten Ergebnisse zusammenfassend dargestellt.

Im allgemeinen Überblick über die Paläogeographie des Jura lassen sich folgende Hauptmerkmale erkennen:

Die Tethys trennte als äquatorial verlaufendes Geosynklinalmeer die Festlandsblöcke der nördlichen und südlichen Hemisphäre. Mindestens die westlichen Gondwana-Gebiete bildeten im Jura noch eine Einheit. Für die Kontinente der Nordhalbkugel ist der Zusammenhang wahrscheinlich.

Innerhalb des Jura ereignete sich eine der größten Transgressionen der Erdgeschichte überhaupt. Europa trug während des größten Teils des Jura den Charakter eines Inselarchipels. Gegen Ende des Jura zog sich das Meer aus den meisten Transgressionsgebieten zurück. Größere Gebirgsbildungen erfolgten in Ostasien sowie an der Westküste Nord- und Südamerikas. In den westlichen und mittleren Gondwana-Gebieten ereigneten sich Deckenergüsse ungeheuren Ausmaßes. Während riesige Flächen der Südkontinente Wüstencharakter trugen, entwickelten sich Asien und insbesondere Sibirien zum Zentrum der Kohlenbildung.

Die Klimasituation des Jura wird unter Annahme eisfreier Pole verständlich. Die Jahresdurchschnittstemperaturen lagen höher als heute. Obwohl Unterschiede nachgewiesen werden können, war das Temperaturgefälle zwischen Pol und Äquator gering. Abgesehen von einigen Schwankungen nahm das Wärmeangebot im Verlauf des Jura zu. Ob dies mit einem durch die vulkanischen Ereignisse herbeigeführten Ansteigen des $CO_2$-Gehalts der Atmosphäre zusammenhing (Plass 1959; Kaplan 1960; Hepting 1963) oder andere Ursachen hatte, kann hier nicht entschieden werden. Während zu Beginn des Jura zumindest in Eurasien ausreichend Feuchtigkeit zur Verfügung stand, herrschten gegen sein Ende in weiten Teilen der Erde aride Verhältnisse, von denen offenbar nur die nördlichsten und südlichsten Gebiete verschont geblieben sind.

Aus der vergleichenden Betrachtung der Floren des Jura ergeben sich im Hinblick auf die Fragestellung der Untersuchung folgende Erkenntnisse:

Die Flora des Jura kann weder in räumlicher noch in zeitlicher Hinsicht als einheitlich angesehen werden. Die Uniformität der Jura-Floren ist nur scheinbar und resultiert aus den im Vergleich zu heute wenig zahlreichen Familien und Gattungen.

In der Flora des Jura bestanden nachweisbare zonale Unterschiede, die sich in der Anwesenheit bestimmter Pflanzengruppen, der stärkeren Artbildung einiger Gattungen bzw. dem Fehlen gewisser Elemente in den einzelnen Zonen ausdrücken.

Diese floristischen Differenzierungen kennzeichnen die Klimazonen und verlaufen im wesentlichen parallel zu einem auf Grund der paläomagnetischen Messungen angenommenen Äquator, der gegenüber dem heutigen eine nach Norden verschobene Lage inne hatte.

Betrachtet man die Klimazonen der Nordhalbkugel vom Pol zum Äquator, so folgte auf eine Zone humiden, mäßig warmen, aber im wesentlichen frostfreien Klimas ein Gebiet mit subtropischen und in den äquatornächsten Lagen tropischen Temperaturen bei wechselndem Feuchtigkeitsangebot. Diese Klimazonen, die in Eurasien der sibirischen bzw. indoeuropäischen Region VACHRAMEEVS entsprechen, setzten sich in den nordamerikanischen Gebieten fort.

Zwischen den Regionen mit unterschiedlichem Klima bestanden gleitende Übergänge. Die nördliche Klimazone wird durch das Überwiegen der Filicales-Arten, der Ginkgoales und der Coniferen gekennzeichnet, während Cycadophyten hier nur sporadisch auftreten. In der anschließenden warmen Zone mit reichlichem Feuchtigkeitsangebot sind die Cycadophyten neben den Vertretern der Farnfamilien Dipteridaceae und Matoniaceae sowie anderen Filicales das beherrschende Florenelement. Ginkgophyten und Coniferen sind hier ebenfalls vorhanden. Die wärmsten und wahrscheinlich zugleich trockensten Gebiete sind an dem geringen oder fehlenden Ginkgophyten-Anteil, der zum Teil weniger starken Entwicklung der Filicales-Arten und dem Vorkommen von *Ptilophyllum* erkennbar.

Die zu Beginn des Dogger erfolgende Arealerweiterung der wärmeliebenden Arten in nördlicher Richtung und das Verschwinden einiger besonders in den nördlichen Floren aufgetretenen Pflanzen steht ebenso mit den paläoklimatologischen Ergebnissen in Einklang, wie die für den Malm charakteristische Verarmung der Floren, die Veränderung ihrer Zusammensetzung sowie die Nordverschiebung der Grenze zwischen den Klimazonen.

Die Floren der südlichen Hemisphäre zeigen ebenfalls klimatisch begründbare Abstufungen ihrer Zusammensetzung. Auf Grund der geringen Anzahl bis jetzt bekannt gewordener Floren des Jura sind die Aussagen für den Gondwana-Kontinent weniger gut belegbar als für die Nordhalbkugel.

Aus den Eintragungen der Fundorte fossiler Pflanzen in die paläogeographischen Karten geht hervor, daß der größte Teil der Jura-Floren in Küstenrandgebieten gewachsen ist oder zumindest gefunden wurde. Ungleich geringer ist die Anzahl der Floren aus dem Festlandsinneren. Zwischen den unter ozeanischen und den unter kontinentalen Bedingungen gewachsenen Floren sind deutliche Unterschiede feststellbar, die sich auf den Einfluß spezifischer klimatischer Besonderheiten zurückführen lassen. So scheint die anzunehmende Ausgeglichenheit des ozeanischen Klimas wesentliche Bedeutung für das Wachstum der meisten schuppenblättrigen Coniferen gehabt zu haben. Das Vorkommen von *Swedenborgia, Cheirolepis* und *Brachyphyllum* beschränkte sich auf Floren in der Nähe von Meeresgebieten. *Brachyphyllum* bevorzugte im Lias dabei die südlichsten Standorte, drang aber im Dogger und vor allem im Malm wesentlich weiter nach Norden vor. Ähnlich wie *Brachyphyllum* verhielt sich *Pagiophyllum*, doch entfernte sich diese Gattung im Malm etwas von der Küste. Noch auffälliger ist die Verbreitung von *Sagenopteris*, deren Arten in allen klimatischen Zonen ausschließlich unter ozeanischem Einfluß gewachsen zu sein scheinen. Auch die Gattung *Thinnfeldia* findet sich vorwiegend in Floren küstengenäherter Gebiete. Möglicherweise war sie weniger auf ausreichende Niederschläge als auf höhere Luftfeuchtigkeit und ausgeglichene Wärme angewiesen.

Eine für die kontinentalen Floren typische Art ist *Pityophyllum nordenskiöldi*. Die übrigen Vertreter dieser Gattung bleiben ebenfalls im wesentlichen auf kontinentalere Gebiete beschränkt, nur in wenigen ozeanisch beeinflußten Floren vorwiegend nördlicher Gebiete sind sie außerdem anzutreffen. Auf der Südhemisphäre fehlt diese Gattung, wie die Pinaceae überhaupt bis auf einen sehr fraglichen Rest im Malm Patagoniens (FERUGLIO 1951). *Phoenicopsis* scheint ebenfalls eine Gattung gewesen zu sein, die kontinentale Bedingungen bevorzugte.

In den einzelnen Abteilungen des Jura zeigen noch weitere Arten eine Beschränkung auf bestimmte Verbreitungsgebiete, die sich zum Teil auf die Anpassung an ozeanische oder kontinentale Klimaverhältnisse zurückführen läßt (*Equisetites ferganensis, Equisetites beani, Coniopteris angustiloba*).

Schwerer nachweisbar, aber doch an einigen Beispielen zu zeigen, sind Biotopunterschiede. Die Schwierigkeiten bestehen darin, daß zum ersten eine fossile Flora im wesentlichen die Reste eines bestimmten Biotops enthält; die erhaltungsmäßig begünstigsten Biotope wie Deltabildungen oder lagunenähnliche Standorte sich aber recht ähnlich sind. Zum zweiten sind selten Floren verschiedener Biotope benachbarter Standorte geologisch gleichaltrig, als daß sie einen diesbezüglichen Vergleich rechtfertigten. Jedoch können innerhalb der Klimazonen auftretende Abweichungen, wie zum Beispiel der spezifische Charakter der Floren Japans und der Halbinsel Korea, für die Monsuneinfluß wahrscheinlich ist, als ökologisch bedingt aufgefaßt werden.

Zwischen den Floren der Nordhalbkugel und denen der Gondwana-Gebiete sind deutliche Unterschiede festzustellen, die die Annahme einer wenigstens im Lias und Dogger bestehenden Trennung der nördlichen von den südlichen Landmassen rechtfertigen. Den Florenaustausch behinderten dabei die äquatorial verlaufende Tethys sowie ausgedehnte Trockengürtel. Erst im Malm scheinen sich namentlich im Westen des Gesamtgebiets Wanderwege eröffnet zu haben, die von der Landflora und -fauna beschritten werden konnten.

Auf Grund der modernen Vorstellungen zur Kontinentalverschiebung ist für den indischen Subkontinent ebenso wie für Südamerika, Australien und die Antarktis im Jura eine von der heutigen abweichende geographische Lage anzunehmen. Zwar sind die floristischen Zeugnisse aus diesen Gebieten für eine fundierte Aussage zahlenmäßig noch zu gering, doch widerspricht die Zusammensetzung der bekannten Floren der Auffassung, wie sie in der beigefügten Rekonstruktion (s. Abb. 1) veranschaulicht wird, nicht. Aus der Verbreitung einiger Arten wie *Cladophlebis australis* bzw. *Taeniopteris spathulata* oder der Gattung *Dicroidium*, den Verbreitungsverhältnissen der Coniferen (FLORIN 1940, 1963) sowie der Zusammensetzung der wenigen Jura-Floren des Gondwana-Kontinents lassen sich deutliche Beziehungen zwischen den einzelnen Teilgebieten erkennen.

Auf der Nordhalbkugel ist besonders im Lias eine starke Ähnlichkeit der Floren Nordamerikas und Europas nachzuweisen. Für den Dogger mangelt es an vergleichbaren Funden. Auch im Malm sind die Beziehungen zwischen den Floren des westlichen Nordamerika und denen Nordeuropas enger als zu denen Ostasiens. Nur die am nördlichsten gelegene Flora von Cape Lisburne, Alaska, entspricht in ihrer Zusammensetzung den nordsibirischen.

Durch die aus den Floren ableitbaren Aussagen wird zu den vorhandenen Zeugnissen für einen noch im Jura möglichen Kontinentalzusammenhang zwischen Nordamerika und Europa sowie die im wesentlichen noch bestehende Geschlossenheit des Gondwana-Kontinents ein weiteres Argument hinzugefügt.

Nach VACHRAMEEV (1966) wurden aus dem Jura Eurasiens annähernd 120 Gattungen mit etwa 500 verschiedenen Arten bekannt. Selbst wenn diese Arten nur einen geringen Teil des wirklich vorhanden gewesenen Pflanzenbestands repräsentieren, steht ihre Anzahl in keinem Verhältnis zu der heute entwickelten Fülle an Gattungen, Arten und Formen. Aus dieser geringen Artenanzahl resultierte möglicherweise die von früheren Autoren vertretene Auffassung einer Uniformität der Jura-Floren.

Von diesem geringen Bestand an Familien, Gattungen und Arten wurden die Umweltverhältnisse gemeistert und Floren, die verschiedenen Standorten gerecht wurden, aufgebaut. Ökologische Differenzierungen zwischen den Floren werden durch höheren oder geringeren Anteil oder das Fehlen einzelner Arten, Gattungen oder Pflanzengruppen angezeigt. Pflanzengesellschaften im heutigen Sinne, mit der Vielfalt sich unter bestimmten Bedingungen einander ausschließenden Typen waren im Jura noch nicht entwickelt. Ein solcher Florenaufbau war indes nur möglich, weil ein großer Teil der Arten eine weite ökologische Amplitude besaß. Es seien hier nur solche fast kosmopolitische Spezies wie *Podozamites lanceolatus*, *Cladophlebis denticulata* oder *Coniopteris hymenophylloides* genannt. Die Voraussetzungen ihrerseits für diese Verhältnisse bildeten die geringen klimatischen Differenzen hinsichtlich Temperatur und Feuchtigkeitsangebot. Die auftretenden Schwankungen konnten von den Pflanzen innerhalb ihrer Modifikabilität abgefangen werden. Länger anhaltende und stärkere Veränderungen führten zu Arealverschiebungen oder zum Verschwinden bestimmter Vertreter. Eine tiefgreifende Verschlechterung der Lebensbedingungen, wie sie in der Verringerung des Feuchtigkeitsangebots bis zur Aridisierung des Klimas im Malm erfolgte, mußte zum Zusammenbruch der Floren führen. Nur ein Abwandern in Areale, deren Bedingungen denen, die im Lias und Dogger geherrscht hatten, ähnelten, konnte den Fortbestand einiger Arten im oberen Jura sichern.

Das Freiwerden ausgedehnter Gebiete und die Veränderung der Lebensbedingungen begünstigte möglicherweise die Evolution der Angiospermen, denen auf Grund der Gestaltung ihrer Reproduktionsorgane und ihrer Variationsbreite die Potenz zur Besiedlung der leergewordenen Räume innewohnte.

Die Florenentwicklung im Verlauf des Jura bestätigt, daß das Bestehen der Umweltsituation das Praxiskriterium für die Evolutionsleistung der Organismen darstellt.

## ZUSAMMENFASSUNG

Für das Verständnis des evolutionären Geschehens ist es notwendig, die Lebewesen der Vorzeit in ihrer Verflechtung und dialektischen Wechselwirkung mit der jeweiligen, ihnen adäquaten Umwelt zu betrachten. Dabei kann die aktualistische Betrachtungsweise nur unter Vorbehalt angewendet werden. Je weiter man sich in der geologischen Zeitrechnung von der Gegenwart entfernt, desto stärker unterscheiden sich die Bedingungen, unter denen die Naturgesetze wirkten, von denen der Jetztzeit. Mit dieser Arbeit wird die Untersuchung und Darstellung der Entwicklung der Floren einer ausgewählten geologischen Periode in ihrer Abhängigkeit von den paläogeographischen und paläoklimatischen Voraussetzungen vorgelegt. Da der Jura sowohl in geologischer als auch in evolutionärer Hinsicht außerordentlich bedeutsam ist, wurde dieser Zeitraum für die Studien bevorzugt. Neu erarbeitete paläogeographische Karten und ein Überblick über die klimatische Situation auf der Grundlage der geologischen, paläontologischen und paläoklimatischen Zeugnisse bilden den Ausgangspunkt für eine annähernde Rekonstruktion der festländischen Lebensverhältnisse und die pflanzengeographische Bearbeitung der Floren des Jura.

Es wird versucht, durch Vergleich der gattungs- und artenmäßigen Zusammensetzung der Floren und des Habitus der Pflanzen unter Berücksichtigung der Standortverhältnisse entsprechend den paläogeographischen Gegebenheiten den Charakter der einzelnen Floren zu ermitteln. Dabei erfolgt die Betrachtung auf der Grundlage der in der Literatur angegebenen und abgebildeten Großreste. Die pollen- und sporenanalytischen Zusammenstellungen mußten im wesentlichen unberücksichtigt bleiben.

Mit der für die Artenlisten (Tab. 1—3) getroffenen Pflanzenauswahl wurde angestrebt, Vertreter aller in systematischer Hinsicht im Jura wesentlichen Ordnungen zu erfassen und dabei einerseits kosmopolitisch verbreitet erscheinende andererseits örtlich begrenzt auftretende Arten einzubeziehen. Der Ablösung von einigen Arten durch andere wird in den Listen Rechnung getragen.

Aus der vergleichenden Betrachtung der Jura-Floren kann abgeleitet werden, daß die von mehreren Autoren postulierte Uniformität der Jura-Floren nur scheinbar existiert. In den Floren des Jura bestanden sowohl den Klimagebieten entsprechende zonale Differenzierungen als auch auf spezifische ökologische Verhältnisse bestimmter Areale rückführbare Unterschiede, die sich in der Anwesenheit bestimmter Pflanzengruppen, der stärkeren Artbildung einiger Gattungen bzw. dem Fehlen bestimmter Elemente in den einzelnen Zonen ausdrücken. Die floristischen Differenzierungen verlaufen im wesentlichen parallel zu einem Äquator, der gegenüber dem heutigen eine nach Norden verschobene Position inne hatte. Die an den lithogenetischen und paläozoologischen Klimazeugnissen erkennbare Erwärmung und fortschreitende Aridisierung im Verlauf des Jura spiegelt sich nicht zuletzt deutlich in der Zusammensetzung der Floren und der Verbreitung einzelner Arten wider. Der größte Teil der gefundenen Jura-Floren ist in Küstenrandgebieten oder in der Nähe der Küste unter Beeinflussung durch ozeanisches Klima gewachsen.

Zwischen den Floren der innerkontinentalen und der unter ozeanischem Einfluß stehenden Fundorte sind Unterschiede festzustellen. Pflanzengesellschaften im heutigen Sinne waren im Jura jedoch noch nicht entwickelt.

Die deutlich feststellbaren Unterschiede zwischen den Floren der Nordhalbkugel und denen des Gondwana-Kontinents rechtfertigen die Annahme einer Trennung dieser Landmassen zumindest bis zum Beginn des Malm.

Die starke Ähnlichkeit der nordamerikanischen und europäischen Lias- und Malm-Floren sind ein weiteres Argument für die Annahme eines noch im Jura andauernden Zusammenhangs zwischen den Kontinenten Nordamerika und Europa. Die floristischen Zeugnisse der Südhemisphäre widersprechen der von der Epeirophoreseforschung wahrscheinlich gemachten veränderten Lage der Gondwana-Kontinente nicht.

## РЕЗЮМЕ

Для понимания эволюционного развития необходимо рассматривать организмы геологического прошлого в их взаимных связях и диалектическом взаимодействии с окружающей их средой данной эпохи. При этом нельзя безоговорочно придерживаться актуалистического подхода. Чем древнее исследуемые события, тем больше отличаются условия действия законов природы того времени от современных условий. Данная работа посвящена исследованию и реконструкции развития флор избранного отрезка геологического времени в зависимости от палеогеографических и палеоклиматических условий. В качестве такого отрезка избран юрский период, поскольку юрскому времени придается большое значение как в геологическом, так и в эволюционном отношениях. На основе геологических, палеонтологических и палеоклиматических данных были составлены новые палеогеографические карты и дается обзор о климатических условиях. Эти данные способствовали приблизительной реконструкции условий жизни наземных организмов и выявлению географической дифференциации растительности юрского времени. Автор предпринимает попытку определения характера отдельных флор путём сравнения родового и видового составов флор и внешнего облика растений с учётом местных палеогеографических условий. В основу этих рассмотрений положены перечисленные и изображенные в специальной литературе макроостатки. Данные по споровому и пыльцевому анализам не учтены в должной мере.

В видовом списке растений (табл. 1—3) юрского времени перечислены представители всех важных в систематическом отношении порядков. При этом учтены как космополиты, так и виды местных ареалов развития. В списках учитывается также смена одних видов другими видами.

В результате сравнительного анализа флор юрского времени уставновлено, что предположние некоторых авторов об однообразии юрских флор не нашло подтверждение. Флоры юрского времени характеризуются зональной дифференциацией в зависимости от климатических условий, далее выделяются различные ареалы в связи со спецификой экологических условий, что сказывается на наличие определенных растительных сообществ, усиленное видообразование некоторых родов или отсутствие определенных компонентов в отдельных зонах. Географическая дифференциация растительности намечается в основном параллельно к экватору, который по сравнению со современной позицией его был смещен на север. Литогенетические и палеозоологические климатические данные указывают на потепление и постепенную аридизацию в юрское время, что отражается и в составе флор и распространении отдельных видов. Большая часть известных флор юрского времени происходит из прибрежных районов или приморских ареалов, характеризующихся влиянием океанического климата.

Намечаются различия между флорами внутриконтинентальных и подвергнутых влиянию океанического климата местонахождений. Однако, растительные сообщества в нашем понимании из юрского времени еще неизвестны.

Установленные различия между флорами северного полушария и континента Гондваны подтверждают предположение о разделении этих материковых масс еще до начала мальма.

Большое сходство североамериканских и европейских флор лейаса ии мальма говорит в пользу взгляда на наличие континентальной связи между Северной Америкой и Европой еще в юрское время. Флористические данные по южному полушарию не противоречат выявленному эпейрофорезом изменьчивому положению гондванских континентов.

## SUMMARY

It is necessary for an understanding of the evolutionary events to regard the living creatures of the past in their interweaving and dialectical interaction with their adequate environment. Here the actualistic approach has its limit. The farther you leave the present for the geological times, the stronger the conditions differ from affecting the laws of nature of the present. The aim of this publication is to research and describe the evolution of the floras of a selected geological period in its dependence on the palaeogeographical and palaeoclimatic conditions.

As the Jurassic is so important in geological as well as in evolutionary respect, this period has been chosen for the study. Newly compiled palaeogeographical maps and a general view of the climatic situation on the basis of the geological, palaeontological and palaeoclimatic evidences are the starting-point for an approximate reconstruction of the continental living conditions and the phytogeographical treatment of the Jurassic floras.

An attempt is made to find out the characteristic of the different floras by comparing the floral composition in species and genera and the habit of the plants, considering their habitat conditions according to their palaeogeographical facts.

The basis of this consideration are the remains of plants mentioned and illustrated in the literature.

This paper does not include the spore- und pollenanalytical classifications.

The selection of plants in the list of species was aimed at including representatives of all classifications systematically important to the Jurassic, that is to say they do not only include cosmopolitan species, but also endemic ones.

From a comparative consideration of the Jurassic floras can be derived that the uniformity of the Jurassic floras, as it is postulated by several authors, is only an apparent one. In the Jurassic floras there were not only zonal differentiations corresponding to the climatic areals, but also variations to be attributed to ecological conditions in determined areals. These differences are expressed by the existence of special groups of plants, the more intense formation of species in some genera and in the absence of definite elements in the individual zones.

In the main floristic differentiations are in parallel with an equator which in comparison with that of the present time was shifted towards the north.

The composition of the floras and the spreading of the species also show the advanced heating of the climate and the progressive aridity, which is also to be seen in lithological and palaeozoological evidences. Most of the Jurassic floras have grown in areas along the coasts or near the coast, influenced by an oceanic climate.

There are differences between these floras of intercontinental influence and those found at places under oceanic influences. But plant communities as known nowadays had not yet been developed during the Jurassic.

The clearly determinable differences between the floras of the northern hemisphere and those of the Gondwana continent lead to suppose a separation of these masses of land at least up to the beginning of the Malm.

The high resemblance of the North American and European Lias and Malm floras are a further argument for supposing a connection between the continents of North America and Europe during the Jurassic period.

The floristic remains of the southern hemisphere do not oppose the changed position of the Gondwana continents supposed by the epeirophoretic research.

## RÉSUMÉ

Il faut considérer, pour faire comprendre les faits remarquables de l'évolution, les êtres vivants par rapport à leur combinaison et action réciproque dialectique avec le milieu adéquat où ils se trouvent, ce qui ne permet que d'appliquer sous réserve la doctrine de l'actualisme. Plus on s'éloigne, dans la chronologie géologique, du temps présent, plus s'en distinguent les conditions sous lequelles les lois de la nature ont agi. La présente étude a pour but d'explorer et de décrire l'évolution floristique d'une période géologique choisie sous la dépendance des conditions paléogéographiques et paléoclimatiques. Comme, aux points de vue géologie et évolution, le Jurassique est une période de première importance, on l'a choisi pour l'étude. Des cartes paléogéographiques nouvellement composées et un aperçu de la situation climatique basé sur les témoignages géologiques, paléontologiques et paléoclimatiques sont le point de départ d'une reconstruction approximative des conditions du milieu continental et du traitement phytogéographique des flores jurassiques. On essaye de déterminer, par comparaison de la composition des genres et des espèces des flores, ainsi que de l'habitus des plantes, le caractère des flores individuelles, en tenant compte des conditions de l'habitat conformément aux circonstances paléogéographiques. A ce point de vue, on se base sur les macrorestes signalés et représentés dans la littérature. En général, on ne tient pas compte, dans le présent exposé, des revues d'analyse des pollens et des spores.

Le choix des plantes fait pour les listes d'espèces a pour objet de déterminer les représentants de tous les ordres d'importance dans le Jurassique au regard systématique, et d'y comprendre d'une part les espèces répandues d'une manière cosmopolite et d'autre part de se rapporter aux espèces dont la propagation est d'une limitation locale. On tient compte dans les listes du remplacement de quelques espèces par d'autres.

Il résulte, de la considération comparative des flores jurassiques, que leur uniformité postulée par plusieurs auteurs n'existe que de façon apparente. Il y avait, dans les flores jurassiques, tant des différenciations zonales correspondant aux régions climatiques, que des différences à attribuer aux conditions écologiques spécifiques de certaines aires, qui se manifestent par la présence de groupes de plantes déterminés, la formation plus forte des espèces de quelques genres, ou l'absence dans les zones individuelles d'éléments déterminés. Les différenciations floristiques prennent un cours principalement parallèle à un équateur qui, par rapport à celui d'aujourd'hui, occupait une position déplacée vers le nord. Ce n'est pas en dernier lieu dans la composition floristique et la propagation d'espèces individuelles que se reflètent nettement, au cours du Jurassique, l'échauffement et l'aridité progressive, telles qu'elles se manifestent dans les témoignages lithogénétiques et paléozoologiques du climat. La majeure partie des flores jurassiques trouvées a crû dans les régions bordant la côte ou, sous l'influence du climat océanique, dans le voisinage de la côte.

Il y a des distinctions à faire entre les localités de flores sous l'influence au dedans des continents et celles qui ont subi l'influence océanique. Cependant, au Jurassique, il n'y avait pas encore d'évolution de groupements végétaux dans un sens moderne.

Comme les flores de l'hémisphère septentrional se distinguent notablement de celles du continent de Gondvana, il est justifié de supposer une séparation de ces masses de terre, au moins jusqu'au commencement du Malmien.

Un autre argument de la supposition faite sur une liaison entre les continents de l'Amérique du Nord et l'Europe, qui a subsisté au Jurassique, est tiré de la grande analogie des flores liasiques et malmiennes de ces deux continents. Les témoignages floristiques de l'hémisphère méridional ne sont pas en contradiction avec le changement de position des continents de Gondvana fait probable par la recherche épirophorétique.

## LITERATUR

Ahmed, H. H.: Jurassic Spores and Pollen Grains from the Kharga-Oasis. — N. Jb. Geol. Paläont., Abh., Stuttgart 123 (1965) 2.

Antevs, E.: Some mesozoic Plants. — Kungl. vet. Akad., Handl., Stockholm **51** (1913) 5.

ANTEVS, E.: Die Gattungen *Thinnfeldia* und *Dicroidium*. – Kungl. vet. Akad., Handl., Stockholm **52** (1914) 6.
– Das Fehlen und Vorkommen der Jahresringe. – Geol. Fören. Förh., Stockholm **38** (1916).
– Die liassische Flora des Hörsandsteins. – Kungl. vet. Akad., Handl., Stockholm **59** (1919) 8.
ARBER, E.: On the Clarke Collection of fossil Plants from NSW. – Quart. j. geol. soc., London **58** (1902).
– Some fossil Plants from Western Australia. – Bull. geol. surv. W.-Australia, Perth **36** (1910).
– A Preliminary Note on the Fossil Plants of the Mount Patts Beds, New Zealand. – Proc. roy. soc., B, London **86** (1913).
– The earlier Mesozoic Floras of New Zealand. – Bull. geol. surv. New Zealand, Paleont., Wellington **6** (1917).
ARCHANGELSKY, S.: A new Mesozoic Flora from Tico, Santa Cruz Province, Argentinia. – Bull. Brit. mus. (nat. hist.), geol., London **8** (1963) 2.
– Fossil Ginkgoales from the Tico-Flora. – Bull. Brit. mus. (nat. hist.), geol., London **10** (1965) 5.
– New Gymnospermae from Tico. – Bull. Brit. mus. (nat. hist.), geol., London **13** (1966) 5.
ARNOLD, C. A.: Ein *Rhexoxylon*-ähnlicher Stamm aus dem Oberjura von Utah. – Amer. j. bot., Baltimore (Md.) **49** (1962) 8.
– Mesozoic and Tertiary Fern Evolution and Distribution. – Torrey bot. club. mem., Durham **21** (1964) 5.
ATTIMS, Y.: Étude anatomique et paléogéogr. de q. bois jurassiques du Maroc. – Notes mém. serv. géol. Maroc, Rabat **24** (1965) 183.
AXELROD, D. J.: Die Entstehung der Angiospermen. – Evolution, Lancaster **6** (1952).
– Fossil Floras suggest stable, not drifting Continents. – J. geophys. res., Richmond **68** (1963).
BANCROFT, N.: On some Indian jurassic Gymnospermae. – Trans. Linn. soc., 2. ser. bot., London **8** (1913) 2.
BARNARD, P. D. W.: The Geology of the Upper Djadjerud and Lar valleys (North Iran). – Riv. Ital. palaeont. strat., Milano **70** (1964).
– Flora of the Shemshak Formation. – Riv. Ital. palaeont. strat., Milano **71** (1965).
– A new Species of *Masculostrobus*. – J. Linn. soc., bot., London **61** (1968).
BARTHOLIN, C. T.: Nogle i den Bornholmsche Juraformation forekommende Planteforsteninger. – Bot. tidskr., København **18** (1892) **1**; **19** (1894) **1**.
– Planteforsteninger fra Holsterhus pa Bornholm. – Danm. geol. unders., R. 2, København **24** (1910).
BARTRUM, J. A.: Note on the Post Waikato Mesozoic Flora. – New Zealand j. sci. techn., Wellington **4** (1921).
BELL, W. A.: Lower Cretaceous Floras of Western Canada. – Canada geol. surv., mem., Montreal 285 (1956).
BENDA, L.: Die Jura-Flora aus der Saighan-Serie Nordafghanistans. – Geol. Jb., Beil.-Bd., Hannover 70 (1964).
BERRY, E. W.: The Lower Cretaceous Floras of the World. – Maryland geol. surv., Baltimore (Md.) (1911).
– The Mesozoic Flora of Peru. – J. Hopkins univ. stud., geol., Baltimore (Md.) 4 (1922) 1–3.
– Mesozoic Plants from Patagonia. – Amer. j. sci., ser. 5, New Haven **7** (1924) 42.
– The Kootenay and Lower Blairmore Floras. – Nat. mus. Canad., bull., Ottawa **58** (1929).
– Mesozoic and Cenozoic Plants of South-America and the Antilles. – Proc. 8. Amer. sci. congr., Washington 4 (1941).
BEURLEN, K.: Die Bedeutung der organischen Entwicklung für die Erd- und Lebensgeschichte. – Nova Acta Leop., N. F., Halle **5** (1938).
BHARDWAJ, D. C.: Zwei neue *Taxoxylon*-Arten im Jura Indiens. – Lloydia, Cincinnati (Ohio) **15** (1952).
BLACK, M.: Drifted Plant Beds of the Upper Estuarine Series of Yorkshire. – Quart. j. geol. soc., London **85** (1929).
BLACK, M.; HEMINGWAY, J. E.; et al.: Synopsis of Jurassic Rocks of Yorkshire. – Proc. geol. assoc., London **45** (1934).
BOLCHOVITINA, N. A.: Distribution of the Ferns of the Family Gleicheniaceae in the Past. – Palaeobotanist, Lucknow **15** (1966).

Bonetti, M. J. R.: Florula Mesojura de la zona Taquetren (Chubut). — Rev. mus. Arg. ci. nat. invest., sci. nat. palaeont., Buenos Aires **1** (1963) 2.

Bose, M. N.: Bennettiteenstämme aus dem Jura Indiens. — Palaeobotanist, Lucknow **12** (1964).

— A new Species of *Williamsonia*. — J. Linn. soc., London **61** (1968).

Bose, M. N.; Sah, S. C. D.: Some Pteridophytic Remaines from the Rajmahal Hills, Bihar. — Palaeobotanist, Lucknow **16** (1967) 1.

Boreau, E.: Zwei neue *Homoxylon*-Arten aus dem Lias von Neukaledonien. — Mem. mus. nat. hist., N. S., New Haven **3** (1954).

— Paléobotanique africaine. — Bull. sci. com. trav. hist. et sci., (1958).

— Rapport sur la paléobotanique dans la monde. — Regnum vegetabile, Utrecht 19 (1950); 42 (1966).

Boreau, E.; Furon, R.; Rosset, S.: Flora des Lias des Hochlandes von Iran. — Mem. amer. mus. nat. hist., New Haven **30** (1950).

Bowen, R.: Palaeotemperature Analysis of Belemnoidea and Jurassic Palaeoclimatology. — J. geol., Chicago **69** (1961).

Bower, F. J.: The Ferns. — Cambridge: 1963.

Bullard, E.: Continental Drift. — Quart. j. geol. soc., London **120** (1964).

Bullard, E.; Everett, E.; Smith, G.: The Fit of the Continents around the Atlantic. — Phil. trans. roy. soc., ser. A, London (1965).

Bülow, K. v.: Die Florengeschichte als Motor der tierischen Entwicklung. — Z. deutsch. geol. Ges., Berlin **94** (1942).

— Vom historischen Weltbild der Geologie. — Wiss. Z. Univ. Rostock, Rostock **2** (1953) 4.

— Gedanken über die Entwicklung der Wechselbeziehungen zwischen Blüten und Insekten. — Wiss. Z. Univ. Rostock, math.-nat. R., Rostock **5** (1955/1956) 1.

Burlingame, L. L.: The Origin and Relationships of the Araucarians. — Bot. gaz., Chicago **60** (1915).

Carpentier, A.: Étude de quelques végétations jurassiques du Doubs. — Mem. soc. géol. Fr., Paris **8** (1932) 1.

— Remarques sur quelques Bennetitales du Kimméridge du Bugey. — Bull. soc. Linn., Lyon **7** (1938).

— Note sur un faciès Kimméridgien à plantes du Jura Central. — Bull. soc. géol. Fr., Paris **9** (1939).

— Les Flores infraliassiques des Deux-Sèvres et de la Vendée. — Ann. Paléont., Paris **33** (1947); **34** (1948); **35** (1949).

Carpentier, A.; Lamare, P.: Végétaux fossiles du Yémen. — Bull. soc. géol. Fr., Paris **5** (1932) 2.

Carruthers, W.: On fossil Cycadaceae Stems of Britain. — Trans. Linn. soc., London **26** (1870) 4.

Černjavska, S.: Über die fossile Flora aus dem Jura der Grube Vraschka Tschudra. — Ann. Direct. gener. res. geol. mineral., A, Sofia **6** (1954).

Chaloner, W. G.; Lorch, J.: On opposite leaved Conifer from the Jurassic of Israel. — Palaeontology, London **2** (1960).

Chandler, M. E. J.: Fruiting Organs from the Morrison Formation. — Bull. Brit. mus. (nat. hist.), London 12 (1966).

Chapman, F.: Report on Jurassic Plants. — Rec. geol. surv. Vict., Melbourne 2 (1908) 4.

— Jurassic Plant Remains from Gipsland. — Rec. geol. surv. Vict., Melbourne **3** (1909).

Chow, T. C.: The lower Liassic of Sofiero and Dompäng. — Ark. bot., Stockholm **19** (1924) 4.

Christ, H.: Geographie der Farne. — Jena: G. Fischer-Verl. 1910.

Cittert, J. H. A.: Palaeobotany of the Mesophytic. — Acta bot. neerl., Amsterdam **15** (1966).

Compton, R. H.: A Systematic Account of the Plants Collected in New Caledonia. — J. Linn. soc., bot., London **45** (1914).

Copeland, E. B.: Fern Evolutions in Antarctica. — Philip. j. sci., Manila **70** (1940).

Couper, R. A.: Southern Hemisphere Mesozoic and Tertiary Podocarpaceae ... and their phytogeographical Significance. — Proc. roy. soc., B, London **152** (1960).

Crickmay, C. H.: Jurassic History of North America. — Proc. Amer. phil. soc., Philadelphia **70** (1931).

Daber, R.: Kleine Flora aus dem untersten Lias bei Wittenberge. — Geologie, Berlin **6** (1957).

— Blattreste im Lias von Nordostdeutschland. — Paläont. Abh., Berlin I (1962) 2.

— Fazies und Paläobotanik. — Ber. geol. Ges. DDR, Berlin **9** (1964).

DABER, R.: Bemerkungen zum Gegenstand der Paläobotanik. – Freiberger Forsch.-H., D, Leipzig 53 (1967).
– A *Weichselia-Stiehleria*-Matoniaceae Community within the Quedlinburg Estuary of Lower Cretaceous Age. – J. Linn. soc., bot., London **61** (1968).
DARRAH, W. C.: Antarctic fossil Plants. – Science, London **83** (1936).
DAVIES, P. G.: A Mesozoic fossil Flora from Arctic Ellesmere Island. – M. sc. Thesis, Ontario (1965).
DELEVORYAS, T.: *Glossopteris* Leaves from the Middle Jurassic of Oaxaca, Mexico. – Science, London **165** (1969).
– Biotic Provinces and the Jurassic-Cretaceous Floral Transition. – Proc. North-Amer. paleont. conv., part. L, (1971).
DEPAPE, G.: Les flores liassiques de France. – Mem. bur. rech. géol. et minèr., Paris **4** (1961).
DU TOIT, A. L.: The Fossil Flora of the Upper Karroo-Beds. – Ann. South Afr. mus., Johannesburg **22** (1927) 5.
– A short Review of the Karroo fossil Flora. – C. R. 15. Congr. Geol. Intern. 1929, Pretoria 2 (1930).
EDWARDS, W.: Jurassic Flora of Sardinia. – Ann. mag. nat. hist., London **23** (1929).
– Jurassic plants from New Zealand. – Ann. mag. nat. hist., ser. 10, London **13** (1934).
– The geographical Distribution of Past Floras. – Adv. sci. (B. A. A. S.), **12** (1955) 46.
ERDTMANN, G.: Did dicotyledonous Plants exist in early Jurassic times? – Geol. Fören. Förh., Stockholm **70** (1948).
FABRE, J.; GREBER, C.: Présence d'un *Dictyophyllum* dans la flore Molteno. – Bull. soc. géol. Fr., sér. 7, Paris **2** (1960).
FEISTMANTEL, O.: Fossil Flora of the Gondwana-System. – Palaeont. Indica, Calcutta 2 (1876) (1); (1879) (4).
FERUGLIO, E.: Una nuova Dipteridea del Mesozoic. superior della Patagonia. – Boll. soc. geol. Ital., Roma **56** (1937) 1.
– Camptopterideas del Lias de Piedra Pintada en el Neuquen (Patagonia). – Not. mus. la Plata, Palaeont., La Plata **6** (1941) (27).
– Piante del Mesozoico della Patagonia. – Pubbl. Ist. geol. Univ. Torino, Torino **1** (1951).
FLICHE, P.; BLEICHER, G.: Étude sur la flore de l'Oolithe inférieur aux environs de Nancy. – Bull. soc. sci., Nancy **6** (1881).
FLORIN, R.: Untersuchungen zur Stammesgeschichte der Coniferales und Cordaitales. – Kungl. vet. Akad., Handl., Stockholm **10** (1931) 1.
– Studien über die Cycadales des Mesozoikums. – Kungl. vet. Akad., Handl., ser. 3, Stockholm **12** (1933) 5.
– Die fossilen Ginkgophyten von Franz-Josephs-Land. – Paleontographica, B, Stuttgart **81** (1936).
– The Tertiary fossil Cycads of Chile. – Kungl. vet. Akad., Handl., Stockholm **19** (1940) 2.
– Jurassic Coniferales and Taxales. – Acta Horti Berg., Uppsala **17** (1958).
– Die frühere Verbreitung der Coniferengattung *Athrotaxis*. – Senckenberg. lethaea, Frankfurt (Main) **41** (1960).
– The Distribution of Conifer and Taxad Genera in Time and Space. – Acta Horti Berg., Uppsala **20** (1963).
FONTAINE, W. M.: Notes on some Mesozoic Plants from near Oroville, California. – Amer. j. sci., ser. 2, New Haven **4** (1896).
– The Jurassic Flora of Douglas County, Oregon. In: WARD: Status of the Mesozoic Floras of the United States. – U. S. geol. surv., Monogr., Washington 48 (1905).
FREBOLD, H.: Geologie von Spitzbergen ... In: Regionale Geologie der Erde. – Berlin: Verlag Gebr. Borntraeger 1935.
FRENGUELLI, J.: „*Ptilophyllum hislopi* en los Mayer River Beds" del Lago San Martin. – Not. mus. la Plata, Paleont., La Plata **1** (1935) 3.
– *Sagenopteris* y *Linguifolium* del Lias de Piedra Pintada en el Nequen. – Not. mus. la Plata, Paleont., La Plata **6** (1941) 34.
FRITZ, P.: $O^{18}/O^{16}$ Isotopenanalysen und Palaeotemperaturbestimmungen im Jura. – Geol. Rdsch., Stuttgart **54** (1965) 1.
FULFORD, M.: Distribution Patterns of the Genera of leafy Hepaticae of South America. – Evolution, Lancaster **5** (1951) 3.

Furon, R.: La Paléogeographie. Essai sur l'évolution des continents et des océans. — Paris: Payot 1941.
— Notes sur la paléogeographie de Madagascar. — Mém. inst. sci., ser. D, Madagascar **1** (1949) 2.
Glanert, L.: Fossil Floras of Western Australia. — Bull. geol. surv. W.-Australia, Perth 36 (1910).
Gothan, W.: Die fossilen Holzreste von König-Karls-Land. — Kungl. vet. Akad., Handl., Stockholm **42** (1907) 10.
— Die fossilen Holzreste von Spitzbergen. — Kungl. vet. Akad., Handl., Stockholm **45** (1910) 8.
— Über die Gattung *Thinnfeldia*. — Abh. naturhist. Ges., Nürnberg **19** (1912).
— Die unterliassische Flora der Umgegend von Nürnberg. — Abh. naturhist. Ges., Nürnberg **21** (1914).
— Paläobiologische Betrachtungen über die fossile Pflanzenwelt. — Fortschr. Geol. Paläont., Berlin **3** (1924) 8.
— Sobres Restos de Plantas fossilis proc. de la Patagonia. — Bol. acad. nacl. cienc., Cordoba **28** (1925).
— Fossile Pflanzen aus den Karru-Schichten der Umgebung des Nengurugebirges in Deutsch-Ostafrika. — Palaeontographica, Suppl., Stuttgart **7** (1925—1927).
— Die Unterscheidung der Lias- und Rhätflora. — Z. deutsch. geol. Ges., Berlin **87** (1935) 10.
— Die Probleme der Paläobotanik und ihre geschichtliche Entwicklung. — Probl. Wiss. in Vergangenheit und Gegenwart, Berlin 10 (1948).
— Die merkwürdigen pflanzengeographischen Besonderheiten in den mitteleuropäischen Karbonfloren. — Palaeontographica, B, Stuttgart **91** (1951).
— Anhäufung von *Sciadopitytes*-Nadeln in den Ostpyrenäen. — Svensk. bot. tidskr., Uppsala **48** (1954).
Gothan, W.: Weyland, H.: Lehrbuch der Paläobotanik. — Berlin: Akad.-Verl. 1964.
Gupta, K. M.: Notes on some Jurassic Plants from Rajmahal Hills. — Palaeobotanist, Lucknow **3** (1954).
Gussow, W. G.: Jurassic-Cretaceous Boundary in Western Canada. — Canad. roy. soc., trans., ser. 3, Ottawa **4** (1960).
Halle, T. G.: The mesozoic Flora of Grahamland. — Wiss. Ergebn. Schwed. Südpolar-Exp., 1901—1903, (1913), (1913a).
— Some Mesozoic Plantbearing Deposits in Patagonia. — Kungl. vet. Akad., Handl., Stockholm **51** (1913) 3, (1913b).
— Some Xerophytic Leaf Structures in Mesozoic Plants. — Geol. Fören. Förh., Stockholm **37** (1915) 5.
Handlirsch, A.: Die Bedeutung der fossilen Insekten für die Geologie. — Mitt. geol. Ges., Wien **3** (1910).
Harris, T. M.: The Flora of Scoresby Sound, East Greenland. — Medd. om Grønland, København 68 (1926); 85 (1931); 112 (1937).
— Liassic and Rhaetic Plants ... in East Greenland. — Medd. om Grønland, København 114 (1946).
— Notes on Jurassic Flora of Yorkshire. — Ann. mag. nat. hist., London (1943); (1944); (1950).
— Floral Succession in the Estuarine Series of Yorkshire. — Rep. 18. Intern. Geol. Congr., London 10 (1952).
— Mesozoic Seed Cuticles. — Svensk. bot. tidskr., Uppsala **48** (1954).
— The Occurrence of the Fructification Carnoconites in New Zealand. — Trans. roy. soc. New Zealand, geol., Wellington 1 (1962).
— The Yorkshire Jurassic Flora. — London: Brit. mus. nat. hist. 1961—1964.
— The Flora of the Brora Coal. — Geol. mag., London **103** (1966).
Hartz, N.: Planteforsteninger fra Cape Stewart, Ostgrönland. — Medd. om Grønland, København 19 (1896) 8.
Heer, O.: Beiträge zur fossilen Flora Spitzbergens. — Kungl. vet. Akad., Handl., Stockholm **14** (1876) 5.
Helal, A. H.: Jurassic Spores and Pollen Grains from the Kharga Oasis. — N. Jb. Geol. Paläont., Abh., Stuttgart 123 (1965) 2.
Hepting, G. H.: Climate Change and Forest Diseases. — Ann. rev. phytopathol., New York **1** (1963).

HERBST, R.: *Gleichenites juliensis* n. sp. del Jurasico medio de Santa Cruz, Patagonia. — Ameghiana, rev. asoc. paleont. Arg., Buenos Aires **2** (1962) 10.
HIRMER, M.; HÖRHAMMER, L.: Morphologie, Systematik und geographische Verbreitung der fossilen und rezenten Matoniaceae. — Palaeontographica, B, Stuttgart **81** (1936).
HOLDEN, R.: On the Cuticles of some Indian Conifers. — Bot. gaz., Chicago **60** (1915).
HSÜ, J.: Symposium on Gondwanaland Geology (Birbal Sahni Inst.). — Rep. 19. Intern. Geol. Congr., Algier 1952.
HUENE, F.: Sichtung der Grundlagen der jetzigen Kenntnis der Sauropoden. — Ecl. géol. Helv., Basel **20** (1927).
— Kurzer Überblick über die Wirbeltierfaunen der jüngeren Gondwanazeit. — Zbl. Mineral. etc., B, Stuttgart (1933).
— Fossile Landfaunen und das Atlantisproblem. — Geol. Rdsch., Stuttgart **30** (1938).
— Die Saurierwelt und ihre geschichtlichen Zusammenhänge. — Jena: G. Fischer Verl. 1952.
— Paläontologie und Phylogenie der niederen Tetrapoden. — Jena: G. Fischer Verl. 1956.
International Code of Botanical Nomenclature. — 9. Intern. Bot. Congr., Montreal 1959, Utrecht 1961.
IRMSCHER, E.: Pflanzenverbreitung und Entwicklung der Kontinente. — Mitt. Inst. allg. Botan., Hamburg 5 (1922); 8 (1929).
JACOB, K.: Fossil Plants from the Saighan Series of Afghanistan. — Paleont. bot. India, Bangalore City **7** (1950).
JACOB, K.; SHUKLA, B. N.: Jurassic Plants from the Saighan Series of Northern Afghanistan ... Paleont. indic., N. S., 33 (1955) 2.
JANENSCH, W.: Die Gliederung der Tendaguruschichten und die Entstehung der Saurierlagerstätten. — Arch. Biont., Berlin **3** (1914) 3.
JOHANSSEN, N.: Neue mesozoische Pflanzen aus Andö in Norwegen. — Svensk. bot. tidskr., Uppsala **14** (1920) 2/3.
— Die rhätische Flora der Kohlengruben bei Stabbarp und Skromberga in Schonen. — Kungl. vet. Akad., Handl., Stockholm **63** (1922) 6.
JOLEAUD, L.: Atlas de Paléobiogéographie. — Paris: 1939.
JONGMANS, W.; DIJKSTRA, S. J.: Fossilium Catalogus II. Plantae. — s'Gravenhage: 1959.
JUST, T.: Fossil Floras of the Southern Hemisphere and their phytogeographical Significance. — Bull. Amer. mus. nat. hist., New York 99 (1953).
KAPLAN, L. D.: The Influence of $CO_2$-Variation on the Atmospheric Heat Balance. — Tellus, Uppsala **12** (1960).
KARASZEWSKI, W.: On Middle Liassic Age of the Flora from Chmielow (Middle Poland) ... — Kwart. geol., Warszawa **9** (1965).
KENDALL, M. W.: A Jurassic Member of the Araucariaceae. — Ann. bot., N. S., London 13 (1949).
KILPPER, K.: Über eine Rhät/Lias-Flora aus dem nördlichen Abfall des Elburs-Gebirges in Nordiran. — Palaeontographica, B, Stuttgart **114** (1964).
— *Ptilophyllum khargaense* n. sp. aus der Kharga-Oase, westliche Wüste, Ägypten. — Palaeontographica, B, Stuttgart **117** (1966).
— Einige Bennettiteen-Blätter aus dem Lias von Karmodz-Zīrab, Nordiran. — J. Linn. soc., bot., London **61** (1968).
KIMURA, T.: On the Tetori Flora. — Bull. sen. high. school. univ. education, Tokyo II (1958) 2; III (1959).
— Mesozoic Plants from the Itoshiro Sub-Group, the Tetori Group, Central Honshu. — Japan. trans. proc. paleont. soc. Japan., N. S., Tokyo **41** (1961).
KLOTZ, G.: Ergebnisse der Erforschung der Vegetation im Mesozoikum aus der UdSSR. — Wiss. Z. Univ. Halle, math.-nat. R., Halle **5** (1955).
KNOWLTON, F. H.: Jurassic Age of the Flora of Oregon. — Amer. j. sci., ser. 4, New Haven **30** (1910).
— "The Mesozoic Flora of Grahamland" by HALLE. — Science, London **37** (1913).
— The Jurassic Flora of Cape Lisburne, Alaska. — US geol. surv., prof. pap., D, Washington **85** (1914).
— A lower Jurassic Flora from the Upper Matanuska-Valley, Alaska. — US nat. mus., Pr., Washington **51** (1916).

KOBAYASHI, T.: Mesozoic Floras and Climatic Conditions in Eastern Asia. — Proc. imp. acad., Tokyo **18** (1942).
KRASSER, F.: Fossile Pflanzen aus Transbaikalien, der Mongolei und Mandschurei. — Denkschr. Akad. Wiss. Wien, math.-nat. Kl., Wien **78** (1905).
— Die fossile Flora der Williamsonien bergenden Juraschichten von Sardinien. — Akad. Anzeig. Akad. Wiss., Wien **4** (1913).
— Die Doggerflora von Sardinien. — Sitz.-Ber. Akad. Wiss., Wien **129** (1920) 1.
KRÄUSEL, R.: Paläobotanische Notizen. — Senckenbergiana, Frankfurt (Main) 3 (1923); 4 (1923).
— Pflanzenverbreitung und Entwicklung der Kontinente. — Z. Abstamm. Vererb.-lehre, Berlin, Göttingen, Heidelberg **44** (1927).
— Ergebnisse der Forschungsreisen Professor STROMERS in den Wüsten Ägyptens. — Abh. bayr. Akad. Wiss., math.-nat. Abt., IV. F., München 47 (1939).
— Pflanzen aus den Karru-Schichten Südafrikas. — Senckenberg. lethaea, Frankfurt (Main) **37** (1956).
— Die Jurafloren von Sassendorf bei Bamberg. — Senckenberg. lethaea, Frankfurt (Main) **39** (1958); **40** (1959); **41** (1960).
KRENKEL, E.: Geologie und Bodenschätze Afrikas. — Leipzig: Akad. Verl. Ges. 1957.
KRYSHTOFOVICH, A. M.: Jurapflanzen des Ussuri-Gebiets. — Petrograder mém. com. géol., N. S., St. Petersburg **56** (1910), (russ.).
— Mesozoische Pflanzenreste aus dem östlichen Ural. — Bull. kom. géol., St. Petersburg **31** (1912), (russ.).
— Remains of Jurassic Plants from Pataoho, Manchuria. — Bull. geol. soc. China, Peking III (1924) 2.
— Einige fossile Pflanzen aus den Jura-Schichten im nördlichen Kaukasus. — Bull. kom. géol., Leningrad **45** (1926), (russ.).
— Beitrag zur Jura-Flora in Mittelsibirien. — Bull. kom. géol., Leningrad **46** (1927), (russ.).
— The Baikalien or the Continental Mesozoic of the USSR. — Rep. XVII. Intern. Geol. Congr. 1937, Moskau I (1939).
— Palaeobotanika. — Trudy bot. inst., Moskva/Leningrad 8 (1957), (russ.).
— Palaeobotanik. — Akad. nauk, bot. inst., Moskva (1966), (russ.).
LEE, H. H.: On some Sellaginellites Remains from the Tatung Coal Series (North China). — Science, **4** (1951) 2.
LELE, K. M.: The Problem of Middle Gondwana in India. — 22nd Intern. Geol. Congr., Rep., New Delhi 9 (1964).
LORCH, J.: Two fossil Floras of the Negeo-Desert. — Nat. hist., New York **72** (1963).
— Some Jurassic Conifers from Israel. — J. Linn. soc., bot., London **61** (1968).
LOZANO, E. D.: Algunas Plantas ... liasicas de Huaycocotla. — Bol. inst. geol. Mexico, Mexico City 34 (1916).
LUNDBLAD, B.: Lebermoose von Skromberga. — Svensk. bot. tidskr., Uppsala **48** (1954).
MÄGDEFRAU, K.: Paläobiologie der Pflanzen. — Jena: G. Fischer Verl. 1968.
MAHABALE, T. S.: Ferns and Palms as Indicators of Climate and Palaeo-Climate. — Palaeobotanist, Lucknow **3** (1954).
MAILLARD, G.: Invertèbres au Purbeckien de Jura. — Mem. soc. Paléont. Suisse, Basel 9 (1884).
MALDONADO-KOERDEL: Fossile Pflanzen Mexicos. — Univ. nac. aut., Mexico, Bol., (Inst. Geol.), Mexico City **55** (1950).
MANUM, S.: A new Species of *Pseudotorellia* FL. from the Jurassic of Andöya. — J. Linn. soc., bot., London **61** (1968).
MAUBEUGE, P. L.: Notes Phytopaléont. sur le Jurassique lorrain. — Bull. soc. géol. Fr., sér. 5, Paris **20** (1950).
MEDWELL, L. M.: A Review and Revision of the Flora of the Victorian Lower Jurassic. — Proc. roy. soc. Vict., Wellington **65** (1954).
MENENDEZ, A. J.: Contribution ... de Flora Kimmeridgiensis de Rubies y Santa Maria de Meya, (Lerida) Spanien. — Inst. geol. y minero de España, Madrid **23** (1951).
— Florula jurassica del Bajo de los Baquales en Plaza Huincul, Neuquen. — Act. geol. Lilloana, Tucuman **1** (1956).
— Fossil Bennettitales from the Tico-Flora, Santa Cruz, Argentina. — Bull. Brit. mus. (nat. hist.), geol., London **12** (1966) 1.

Mehta, K. R.; Sud, J. D.: On some Ginkgo Leaf Impressions from the Rajmahal Hills. – Palaeobotanist, Lucknow 2 (1953).
Möller, H. J.: Bidrag till Bornholms fossile Flora. – Acta Univ. Lund, Lund **38** (1902).
– Bidrag till Bornholms fossile Flora. – Kungl. vet. Akad., Handl., Stockholm **36** (1903) 6.
Möller, H.; Halle, T.: The fossil Flora of the coal-bearing Deposits of South-eastern Scania. – Ark. bot., Stockholm **13** (1913) 7.
Moriere, L.: Contributions à la flore jurassique de Normandie. – Mém. soc. Linn. Normandie, Caen (1913/1924).
Nagy, J. Z.: Liassic Plants Remains of the Mecsec Mountains. – Ann. inst. geol. publ. Hung., Budapest **XLIX** (1961) 2.
Nathorst, A. G.: Om Floram i Skanes Kolförande Bildningar. – Sver. geol. unders., Arsb., C, Stockholm 1878.
– Zur mesozoischen Flora Spitzbergens. – Kungl. vet. Akad., Handl., Stockholm **30** (1897) 1.
– Fossil Plants from Franz-Josephs-Land. – Scient. res. Norw. North-Pol. Exped., 1893–1896, 3 (1899).
– Sur la flora fossilis antarctique. – C. R. acad. sci., Paris 138 (1904).
– Paläobotanische Mitteilungen. – Kungl. vet. Akad., Handl., Stockholm **42–48** (1907–1913).
– Über Trias- und Jurapflanzen von der Insel Kotelny. – Mém. Acad. sci., St. Petersburg 8 (1907) 21 (2).
– On the Upper Jurassic Flora of the Hope Bay (Grahamland). – C. R. 10. Intern. Geol. Congr. Mexico, 1907, Mexico 1–2 (1909).
Nopsca, F.: The Influence of Geological and Climatic Factors on the Distribution of Non-marine Fossils. – Quart. j. geol. soc., London **90** (1934).
Oishi, S.: Notes on some fossil Plants from Tung-Ning, Province Pinchiang, Mandschukuo. – J. fac. sci. Hokkaido, imp. univ., ser. 4, geol. mineral., Sapporo **3** (1935) 1.
Oishi, S.; Takahasi, E.: Nagato, a Supplement. – J. fac. sci. Hokkaido, imp. univ., ser. 3, Sapporo **4** (1936) 2.
– On some fossil Plants from the Province Chinchiang. – J. fac. sci. Hokkaido, imp. univ., ser. 4, geol. mineral., Sapporo **4** (1938); **5** (1940).
Oishi, S.; Toyama, S.: Notes on some Jurassic Plants from Chalai-Nor, Mandschukuo. – J. fac. sci. Hokkaido imp. univ., ser. 4, geol. mineral., Sapporo **3** (1935) 1.
Oldham, T.; Morris, J.: Fossil Flora of the Rajmahal-Series ... Fossil plants of the Gondwana Syst., 1 (1863) 1.
Orlando, H. A.: *Otozamites simonatoi* n. sp. Una nuova species del Liasico del Neuquen. – Not. mus. La Plata, La Plata **11** (1946) 89, (1946a).
– *Equisetites frenguelli* n. sp. del Lias de Piedra Pintada, Neuquen. – Not. mus. La Plata, La Plata **11** (1946) 91, (1946b).
Pflug, H.: Zur Entstehung und Entwicklung des Angiospermenpollens in der Erdgeschichte. – Palaeontographica, B, Stuttgart **95** (1953).
Plass, G. N.: Carbon Dioxide and Climate. – Sci. Amer., New York **201** (1959).
Plumstead, E. P.: Ancient Plants and Drifting Continents? – South Afr. j. sci., Cape Town 57 (1961).
– Fossil Floras of Antarctica. – Trans-Antarct.-Exped., sci. rep., **9** (1962).
– Paleobotany of Antarctica. In: R. J. Adie (Ed.): Antarctic Geology. – Amsterdam: Elsevier Publ. Comp. 1964.
– Three Thousand Million Years of Plant Life in Africa. – Geol. soc. South Africa, Annex., Cape Town **LXXII** (1969) 11.
Pocock, S. A.: Microfloral Analysis and Age Determination of Strata at the Jurassic/Cretaceous Boundary in West Canada Plains. – Palaeontographica, B, Stuttgart **111** (1962).
Potonié, H.: Gesichtspunkte einer paläobotanischen Gesellschaftsanalyse. – Geol. Jb., Beih., Hannover 5 (1952).
Principe, P.: Le Flore dell'era Mesozoica. – Pubbl. R. Univ. Firenze, Fac. agr. for., Florenz (1940).
Prynada, B. D.: Über die mesozoischen Floren Sibiriens. – Irkutsk. obl., Irkutsk (1941), (russ.).
Raciborski, M.: Flora Kopalna. – Wydz. mat. przyr., Kraków (1894).
Range, P.: Beiträge zur Flora und Fauna der Karru-Formation SW-Afrikas. – C. R. 15. Congr. geol. int. South Afr., **15** (1929) 2.

Rao, A. R.: Some Observations of the Rajmahal-Flora. — Palaeobotanist, Lucknow **2** (1953).
Rao, A. R.; Lele, K. M.: On the Cuticle of *Dicroidium* ... — Palaeobotanist, Lucknow **11** (1962).
Reissinger, A.: Über den Ursprung der Angiospermen. — Naturforsch. Ges., Bayreuth (1952).
Rennie, J. V. L.: Fossils from the Lebombo volcanic Formation. — Bol. serv. Ind., ser. geol., Lourenco Marques **1** (1937).
Reymanowa, M.: Review of Investigation on Polish Jurassic Floras. — Acta pal. bot., Kraków **4** (1963) 2–8, (1963a).
— The Jurassic Flora from Grójec near Kraków. — Acta pal. bot., Kraków **4** (1963), (1963b).
Roquefort, C.: Contributions à l'étude de l'infra Lias et du Lias inférieur de Causses Cevenol. — Bull. soc. géol. Fr., Paris **5** (1934) 4.
Rutten, L.: Palaeomagnetism and Tethis. — Geol. Rdsch., Stuttgart **53** (1964).
Sah, S. C. D.: Occurrence of Ginkgoales in the Rajmahal Series of Bihar. — Curr. sci., Bangalore **21** (1952) 5.
— On some Species of *Ginkgoites* from the Jura of the Rajmahal Hills. — Palaeobotanist, Lucknow **2** (1953), (1953a).
— Sporenflora aus dem Juraschiefer von Andigama auf Ceylon. — Spolia zeylanica, Ceylon **27** (1953), (1953b).
— Palaeobotanical Evidence on the Age of the Khatangi-Beds. — Palaeobotanist, Lucknow **13** (1965).
Sah, S. C. D.; Jain, S.: *Ginkgoites rajmahalensis* n. sp. from the Rajmahal Hills. — Palaeobotanist, Lucknow **13** (1965).
Sahni, B.; Sitholey, R. V.: On some Mesozoic Ferns from the Salt Range Punjab. — Proc. nat. acad. sci., **15** (3) [zit. in Palaeobotanik in India 4 (1946)]
Salfeld, H.: Fossile Landpflanzen der Rhät- und Juraformation SW-Deutschlands. — Palaeontographica, Stuttgart **54** (1907).
— Beiträge zur Kenntnis jurassischer Pflanzenreste aus Norddeutschland. — Palaeontographica, Stuttgart **56** (1909).
— Versteinerungen aus dem Devon und dem Jura und der Kreide von Peru. — Wiss. Veröff. Ges. Erdkd., Leipzig **7** (1910).
Semaka, A.: Paläobotanische Untersuchungen in Rumänien. — Palaeontographica, B, Stuttgart **109** (1961).
Seward, A. C.: Fossil Plants of Cape Colony. — Ann. South Afr. mus., Cape Town **4** (1903).
— On a Collection of fossil Plants from South Africa. — Quart. j. geol. soc., London **64** (1908).
— The Jurassic Flora of Sutherland. — Trans roy. soc., Edinburgh **47** (1911) 4 (23).
— A Study on Contrasts, the Present and Past Distribution of Certain Ferns. — J. Linn. soc., bot., London **56** (1922).
— Plant Life through the Ages. — Cambridge: 1933.
Seward, A. C.; Dale, E.: On the Structure and Affinities of *Dipteris*. — Phil. trans. roy. soc., B, London **194** (1901).
Seward, A. C.; Holttum, R. E.: Jurassic Plants from Ceylon. — Quart. j. geol. soc., London **78** (1922).
Silva-Pineda, A.: Plantas fosiles de Jur. Med. de Tecomatlan, Mexico. — Univ. nac. auton. Mex., Paleont., Mexico **27** (1969).
— Plantas fosiles ... de Tezoatlan, Oaxaca. — Soc. geol. Mex., Excurs. Mex., Oaxaca (1970).
Sinizin, B. M.: Die fossilen Klimate Eurasiens. — Leningrad: 1966, (russ.).
Sitholey, R. V.: Jurassic Plants from the Tabbowa Series in Ceylon. — Spolia zeylanica, Ceylon **24** (1944).
— The Mesozoic and Tertiary Floras in India. — Palaeobotanist, Lucknow **3** (1954).
Steere, W. C.: Cenozoic and Mesozoic Bryophyta of North America. — Amer. midl. naturalist., Notre Dame (Ind.) **36** (1946) 2.
Steinmann, G.: Rhätische Floren und Landverbindungen auf der Südhalbkugel. — Geol. Rdsch., Stuttgart **11** (1920).
Stockmans, F.; Willière, Y.: Flores anciennes et climates. — Les naturalistes Belg., Bruxelles **44** (1963).
Stopes, M. C.: The Flora of the inferiour Oolith of Brora. — Quart. j. geol. soc., London **63** (1907).
Sukh Dev: The fossil Flora of Jabalpur. — Palaeobotanist, Lucknow **8** (1959).

SURYANARAYANA, K.: Fossil Plants from the Jurassic Rocks of the Madras Coast, India. — Palaeobotanist, Lucknow 3 (1954).
SZE, H. C.: Beiträge zur mesozoischen Flora von China. — Paleont. sin., A, Peking 4 (1933) 1.
— Die mesozoische Flora aus der Hsiangchi-Kohlenserie in Westhupeh. — Paleont. sin., N. S., A, Peking 2 (1949).
— The fossil Flora of the Mesozoic oil-bearing Deposits of the Dsungaria-Basin. — Acta paleont. sin., Peking 4 (1956) 4.
TAKAHASI, E.: Mesozoic floral Succession of Nagato Mountainland, W.-Japan. — Palaeobotanist, Lucknow 7 (1958).
TENČOV, J.; ČERNJAVSKA, S.: Paläozoische und mesozoische Floren in Bulgarien. — Ber. geol. Ges. DDR, Berlin 10 (1965).
TENISON-WOODS, J. E.: On the fossil Flora of the coal Deposits of Australia. — Proc. Linn. soc. New South Wales, 8 (1883) 1.
TEIXEIRA, C.: Flora Mesozoica Portuguesa. — Serv. geol. Port., Lisboa 1 (1948).
— La flora fossil ... de Santa Maria Meya (Lerida). — Publ. extranj. geol. España, Madrid 9 (1956).
THENIUS, E.: Entwicklungsgeschichte und Aussterben. — Umsch. Wiss. Techn., Frankfurt (Main) 13 (1964).
THOMAS, H. H.: The fossil Flora of the Cleveland District. — Quart. j. geol. soc., London 69 (1913).
— The jurassic Plant Beds of Roseberry Topping. — The Naturalist, London 198 (1915).
— The Plant on which the Genus *Pachypteris* was founded. — Svensk. bot. tidskr., Uppsala 48 (1954).
TOWNROW, J. A.: A Speculation of the Rhaeto-Liassic Climate of Tasmania. — Pap. proc. roy. soc. Tasmania, Hobart 98 (1964).
— A new Member of Corystospermaceae. — Ann. bot., ser. 2, Oxford 29 (1965).
— The *Brachyphyllum crassum* Complex of fossil Conifers. — Pap. proc. roy. soc. Tasmania, Hobart 101 (1967).
TRALAU, H.: Botanical Investigations in the fossil Flora of Eriksdal, Schonen. — Sver. geol. undersök., ser. C, Stockholm 611 (1966); 613 (1968), (1968a).
— Evolutionary Trends in the Genus *Ginkgo*. — Lethaia, Oslo 1 (1968) 1, (1968b).
TURUTANOVA-KETOVA, J. A.: Williamsoniaceae of the USSR. — Paleobotanika, Moskva 4 (1963), (russ.).
VACHRAMEEV, V. A.: Botanisch-geographische und klimatische Zonen auf dem Gebiet Eurasiens in Jura und Kreide. — Trudy sess. vsesojus. paleont. obšč., (1957), S. 64—76, (russ.).
— Jurassic Floras of the Indo-European and Sibirian bot.-geogr. Regions. — Geol. Intern. Coll. Jur., Luxemburg 1962.
— Floren aus dem Jura und der Unteren Kreide. — Trudy Akad. nauk SSSR, geol. inst., Moskva 102 (1964), (russ.).
— Erste Funde jurassischer Floren auf Kuba. — Paleont. ž., Moskva (1965) 3, (russ.).
— Jurassic Flora of the USSR. — Palaeobotanist, Lucknow 14 (1966).
VAKHRAMEEV, V. A.; DOBRUSKINA, I. A.; MEYEN, S. V.; ZAKLINSKAJA, E. D.: Paläozoische und mesozoische Floren Eurasiens und die Phytogeographie dieser Zeit. — Moskva: izd. Nauka 1970, (russ.). Jena: VEB G. Fischer Verl. 1978, (deutsch).
VIGRAN, J. O.: Fragments of a Middle Jurassic Flora from Northern Trondelag, Norway. — Norsk. geol. tidskr., Oslo 50 (1970).
VISHNU-MITTRE: A male Flower of the Pentoxylae with Remarks on the Structure of the female Cones of the Group. — Palaebotanist, Lucknow 2 (1953).
— Studies on the fossil Flora of Nipania, Rajmahal, India. — Palaeobotanist, Lucknow 5 (1956) 2.
VOLKHEIMER, W.: Esporas y granos de polen de Jur. de Neuquen (Argentinien). — Ameghiana, rev. asoc. paleont. Arg., Buenos Aires 6 (1969) 2.
WALKOM, A. B.: On a Collection of Jurassic Plants from Bexhill near Lismore, NSW. — Proc. Linn. soc. New South Wales, 44 (1919).
— On the Occurrence of *Otozamites* in Australia. — Proc. Linn. soc. New South Wales, 44 (1921).
— Notes on some Tasmanian Mesozoic Plants. — Pap. proc. roy. soc. Tasmania, Hobart 63 (1925).
— Mesozoic Flora of Queensland. — Queensland geol. surv., 259 (1927), continued.
— A Comparison of the fossil Floras of Australia with those of South Africa. — C. R. 15. Intern. Geol. Congr., Pretoria (1929).

WALTON, J.: The fossil Flora of the Karru-System ... S. Rhodesia. — Bull. South Rhod. geol. surv., **15** (1929) 2.
WARD, L.: The Status of the Mesozoic Floras of the United States. The Jura-Flora. — US geol. surv., 20. Ann. rep., part 2, Washington (1898—1899).
— The Status of the Mesozoic Floras of the United States. Second Paper. — US geol. surv., Monogr., Washington 48 (1905).
WEBER, R.: Die fossile Flora der Rhät-Lias Übergangsschichten von Bayreuth unter besonderer Berücksichtigung der Coenologie. — Erlanger geol. Abh., Erlangen 72 (1968).
WESLEY, A.: Contributions to the Knowledge of the Flora of the Grey Limestones of Veneto. — Mem. Inst. Geol. Mineral. Univ., Padova **19** (1956); **21** (1958).
— The fossil Flora of the grey Limestones of Veneto, North Italy, and its Relationships to the other European Floras of similar Age. — Palaeobotanist, Lucknow **14** (1965).
WIELAND, G. R.: A Study of some American fossil Cycads. — Amer. j. sci., New Haven **7** (1899); **11** (1903); **25** (1908).
— The *Williamsonia* of the Mixteca Alta. — Bot. gaz., Chicago **48** (1969) 6.
— On the *Williamsonia* Tribe. — Amer. j. sci., New Haven **32** (1911).
— The Liassic Flora of the Mixteca Alta, Mexico. — Amer. j. sci., New Haven **36** (1913).
— The El Consuelo Cycadeoids. — Bot. gaz., Chicago **81** (1926).
— The Worlds two greatest petrified Forests. — Science, London **69** (1926).
WILSON, J. T.: Evidents from Ocean Islands suggest Movement in the Earth. — Phil. trans. roy. soc., A, London 1088 (1965).
YABE, H.: Mesozoic Plants from Korea. — J. coll. sci. imp. univ. Japan, Tokyo **20** (1905).
— Jurassic Plants from Toa-shia-Tun, China. — Bull. imp. geol. surv. Japan., Tokyo **21** (1908) 1.
— Notes on some mesozoic Plants from Japan, Korea and China. — Sci. rep. imp. univ. Sendai, geol., **7** (1922) 1.
YABE, H.; OISHI, S.: Jurassic Plants from the Fang-tzu Coalfield, Shantung. — Jap. j. geol. geogr., Shantung **6** (1928) 1—2.
— Mesozoic Plants from Mandschuria. — Sci. rep. Tohoku imp. univ. Japan., geol., **12** (1933) 2 B.
YOKOYAMA, M.: Jurassic Plants from Kaga, Hida, Echizen. — J. coll. sci. imp. univ. Japan, Tokyo **3** (1889).
— Mesozoic Plants from Kozuke, Kii, Awa und Tosa. — J. coll. sci. imp. univ. Japan, Tokyo **7** (1894) 3.
— Mesozoic Plants from Nagato and Bitchu. — J. coll. sci. imp. univ. Japan, Tokyo **10** (1905) 5.
— Mesozoic Plants from China. — J. coll. sci. imp. univ. Japan, Tokyo **24** (1916) 9.
ZEILLER, R.; VIDAL, L. M.: Sobre algunas impresiones vegetales de Kimeridgense de Santa Maria de Meya. — Mem. r. acad. cienc., Barcelona **4** (1902) 24.
ZIEGLER, B.: Ammoniten-Ökologie am Beispiel des Oberjura. — Geol. Rdsch., Stuttgart **56** (1967).

Anschrift der Autorin:
Dr. H. PETER, DDR - 444 Wolfen, Krüllstraße 8a

Tab. 1. Übersichtsliste der Pflanzenverbreitung im Lias

| Pflanzen \ Fundorte | Ostgrönland | Hör | Stabbarp | Sofiero | Dompäng | Normandie | Vendée | Lozéré | Lothringen | Nürnberg | Sassendorf | Quedlinburg | Wittenberge | Neuzelle | Chmielów | Grojec | Kraków | Venetian. Alpen | Mecsek-Gebirge | Vulcan Codlea | Doman | Rudaria | Anina | Donezbecken | Nordkaukasus | Mangyschlak | Tuarkyr | Südural | Zirab, Nordiran | Dorud, Nordiran | |
|---|---|---|---|---|---|---|---|---|---|---|---|---|---|---|---|---|---|---|---|---|---|---|---|---|---|---|---|---|---|---|---|
| | 1 | 2 | 3 | 4 | 5 | 6 | 7 | 8 | 9 | 10 | 11 | 12 | 13 | 14 | 15 | 16 | 17 | 18 | 19 | 20 | 21 | 22 | 23 | 24 | 25 | 26 | 27 | 28 | 29 | 30 | 3 |
| *Bryophyta* | •••• | | | | | | | | | | | | | | | • | | | | | | | | •• | | | | | • | | |
| *Neocalamites sp.* | | | | | | | | | | | • | | | • | • | | • | | • | | | | | • | •• | | | • | •• | • | |
| *Equisetites muensteri* | • | | | | | | | | | | • | | | | | | • | | • | | | | | | | | | | | | |
| *Equisetites ferganensis* | | | | | | | | | | | | | | | | | | | | | | | | | | • | | | | | |
| *Equisetites al. sp.* | •• | ••••• | •• | | • | •• | • | | | | • | | | | | | | •• | • | • | | | | • | • | | • | • | •• | | |
| *Coniopteris hymenophylloides* | | | | | | | | | | | | | | | | • | | | | | | | | | • | | | • | • | | |
| *Coniopteris al. sp.* | | | | | | | | | | | | | | | | | | | | | | | | | | • | • | •• | | | • |
| *Cladophlebis denticulate* | | | | | | | | | | • | | | | | • | • | | | | • | | | • | | • | | | • | • | | |
| *Cladophlebis haiburnensis* | | | | | | | | | | | | | | | • | • | | | | • | | | • | | • | | | • | • | | |
| *Cladophlebis australis* | | | | | | | | | | | | | | | | | | | | | | | | | | | | | | · | |
| *Cladophlebis al. sp.* | •• | • | • | | | | | | • | | | | | • | | 7 | | | | ••• | | | •• | | ••• | | •••• | ••••• | • | •• | |
| *Clathropteris meniscoides* | • | • | • | | | | | | • | | • | • | | | • | | | | • | • | | | | | | | | • | • | | |
| *Clathropteris obovata* | | | | | | | | | | | | | | | | | | | | | | | | | | | | | | | |
| *Clathropteris al. sp.* | | | | | | | | • | • | • | | | | | | | | | | | | | | | | | • | | • | | |
| *Hausmannia sp.* | • | | | | | | • | | •• | | • | | | | • | • | • | | | | | | | • | • | • | | •••• | •• | | • |
| *Dictyophyllum acutilobum* | | | • | | | | | | | • | • | | | | • | • | • | | • | | | | | • | | | | | | | |
| *Dictyophyllum al. sp.* | •• | ••• | | • | • | | •• | | •• | | | • | • | • | | • | ••• | • | • | • | | | | • | | | • | | ••• | | |
| *Thaumatopteris schenki* | • | • | • | | (•) | | • | | | • | • | | | | • | | • | | • | | | | | | • | | | | • | | |
| *Thaumatopteris brauniana* | • | | | | | | | | | | | | | | | | • | | • | | | • | • | | | | | | | | |
| *Thaumatopteris al. sp.* | | | | | | | •• | | • | | | | | | | | | | •• | | | | | | | | | | • | | |
| *Phlebopteris muensteri* | • | | | | | | • | | | | • | | | | • | • | • | | • | • | | • | | | | | | | | | |
| *Phlebopteris polypodioides* | | | | | | | | | | | • | | | | | | | | • | | | | | | • | • | | | • | | |
| *Phlebopteris al. sp.* | • | | | | | | • | | | •• | • | | | | | •• | ••• | • | •• | | | • | | | | | • | | | | |
| *Williamsonia sp.* | | | | | | | | | • | | | | | | | | | | | | | • | • | | | | | | | | |
| *Ptilophyllum acutifolium* | | | | | | | | | | | | | | | | | | | | | | | | | • | | | (•) | | | |
| *Ptilophyllum al. sp.* | | | | | | | | | | | | | | | | | • | • | | | | | | | • | | | | •••• | | |
| *Anomozamites sp.* | •• | ••• | | • | | | • | | | • | | | • | • | | | | | | | | • | •• | •• | | | •••• | | | • | |
| *Otozamites sp.* | | | | | | ••• | • | | ••• | | | | | | | | | 12 | | | | | | | | | | | | | |
| *Pterophyllum sp.* | • | | | | | | •• | | | | | | • | | | | | •• | | •• | ••• | • | •••• | • | | | •• | • | | • | • |
| *Taeniopteris vittata* | | | | | | | | | | | | | | | | • | | | | | | | | | | | • | | | | |
| *Ctenis sp.* | • | | | | | | | | | | | | | | | | •? | | | • | | | | | | | | | | | |
| *Taeniopteris al. sp.* | | | | | | | • | | | | | | | | | •• | | | •• | •• | ••• | | •• | • | • | | | • | | | • |
| *Nilssonia polymorpha* | • | • | | • | • | | | | | | | | | | | | • | | | | | | | | | | | | | | |
| *Nilssonia orientalis* | | | | | | | | | | | | | • | | | | • | | | • | • | | • | | | | | | | | |
| *Nilssonia al. sp.* | ••• | ••• | • | | | | •••• | | | ••• | | •• | | | ••••• | • | ••• | | • | • | • | | | | ••• | | ••••• | • | | | • |
| *Sagenopteris nilssoniana* | • | • | | • | • | | • | | | | • | | | | • | • | • | • | • | | | | | | | | | | | | |
| *Sagenopteris phillipsi* | | | | | | | | | | | | | | | | | | • | | | | | | | | | | | | | |
| *Sagenopteris al. sp.* | • | | | | | | • | | | | | • | • | • | | • | | • | | | | | | | | | | | | | |
| *Thinnfeldia rhomboidalis* | | | | | | • | • | • | • | • | | | | • | | | | | • | | | | | | | | | | | | |
| *Thinnfeldia al. sp.* | | | | | | | •• | •• | • | ••• | | • | | | | | | | • | | | | | | | | | | | | |
| *Dicroidium sp.* | | | | | | | | | | | | | | | | | | | | | | | | | | | | | | | |
| *Brachyphyllum mamillare* | | | | | | | | | | | | | | | | | | | | | | | | | | | | | | | |
| *Brachyphyllum al. sp.* | | | | | | | • | • | • | | | | | | | | • | ••••• | | | | | | | | | | | | | |
| *Pagiophyllum sp.* | | | | | | | • | • | • | | | | | | | | | | | | | | | | | | | •• | | | |
| *Pityophyllum nordenskiöldii* | | | | | | | | | | | | | | | | | | | | | | | | • | | | • | • | | | |
| *Pityophyllum al. sp.* | | • | | | • | | | | | | | | | | • | | • | • | | | | | | •• | • | | | •• | | | |
| *Podozamites lanceolatus* | | • | • | | | | | | | | • | | | | | | | | • | | | | | | • | | • | • | | | |
| *Podozamites angustifolius* | | | | | | | | | | | | | | | • | | | | | | | | | • | | | | | | | |
| *Podozamites al. sp.* | • | | | | | | • | | | • | • | • | | | • | | • | •• | | | | | | | • | | | •• | | • | |
| *Ginkgoites digitata* | | | | | | | | | • | | | | | | | | | | | | | | | | | | | | | | |
| *Ginkgoites sibirica* | | | | | | | | | | | | | | | | | | | | | | | | | • | | | | | | |
| *Ginkgoites al. sp.* | •• | • | | •• | • | | • | | • | | • | | | | ••• | • | ••• | | • | | | • | | • | • | | • | ••••• | | | |
| *Baiera muensteriana* | | • | | | | | | | • | • | • | | | | | | • | | | | | | | | | | | | | | |
| *Baiera gracilis* | | | | | | | | | | | | | | | | | | | | | | | | | | | | | | | |
| *Baiera al. sp.* | | •••• | • | •••• | • | | • | | | • | | | | | | | | | | | | | | • | | | | | | | |
| *Czekanowskia rigida* | | • | • | • | | | | | | | | | | | | | | | • | | | | • | • | • | | | • | | | |
| *Czekanowskia latifolia* | | | | | | | | | | | | | | | | | | | | | | | | | | | | | | | |
| *Czekanowskia al. sp.* | •• | | • | | | | | | | | | | | | •• | | •• | | | | | | | | | | | | | | |
| *Phoenicopsis angustifolia* | | | | | | | | | | | | | | | | | | | | • | | | • | • | • | • | | • | | | • |
| *Phoenicopsis al. sp.* | | | | | | | | | | | | | | | | | | | | •• | | | ••• | • | | | | • | | | |

Anmerkung (zu Tab. 1–3): In den Tabellen werden Pflanzen, deren nicht ganz eindeutige Bestimmung von den Autoren mit aff. c
unter Pflanzen lies statt *Cladophlebis denticulate* = *Cladophlebis denticulata*
unter Fundorten lies statt Tsheljabinsk = Tscheljabinsk; Shenxi = Shensi; Nordshanxi = Nordshansi; Sichuan = Szechuan

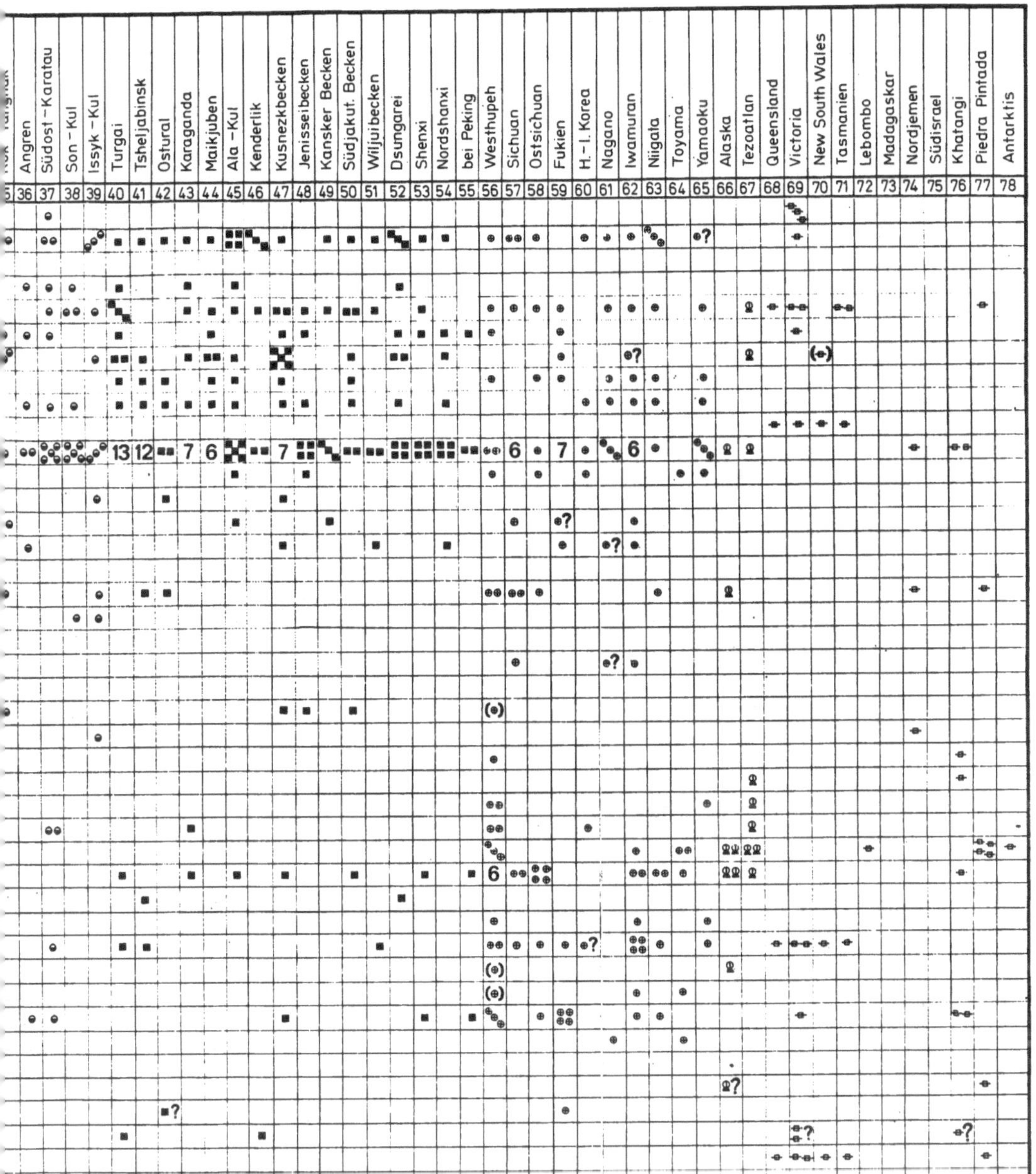


ennzeichnet wurde, mit einer Klammer versehen

n = Ostzechuan; Iwamuran = Iwamura

Tab. 2. Übersichtsliste der Pflanzenverbreitung im Dogger

| Fundorte / Pflanzen | Andö | Trondheimfjord | Brora | Normandie | Yorkshire 1 | Yorkshire 2 | Yorkshire 3 | Yorkshire, ges. | Eriksdal 1 | Eriksdal 2 | Bornholm | Sardinien | Lwow - Becken | Krim | Donezbecken | Westkaukasus | Mittelkaukasus | Dagestan | Aserbaidshan | Südural | ıek | Emba | Mangyschlak 1 | Mangyschlak 2 | Mangyschlak 3 | Tuarkyr 1 |
|---|---|---|---|---|---|---|---|---|---|---|---|---|---|---|---|---|---|---|---|---|---|---|---|---|---|---|
| | 1 | 2 | 3 | 4 | 5 | 6 | 7 | 8 | 9 | 10 | 11 | 12 | 13 | 14 | 15 | 16 | 17 | 18 | 19 | 20 | 2' | 22 | 23 | 24 | 25 | 26 |
| *Bryophyta* | •••• | | | | | | | •••• | | | | | | | • | | | | | | | • | | | | |
| *Neocalamites sp.* | | | | | •• | • | | •• | | | | | | | • | • | • | | | | | | | | | • |
| *Equisetites beanii* | | | • | | • | • | • | • | | | | | | | • | | (•) | | | • | • | | • | • | • | |
| *Equisetites ferganensis* | | | | | | | | | | | | | | | | • | | | | | • | • | | • | • | |
| *Equisetites hallei* | | | | | | | | | | | | | | | • | | | | | | • | | • | • | | |
| *Equisetites al. sp.* | • | | •••• | • | ••• | ••• | | ••• | • | | • | • | • | • | | | • | • | | | | • | | • | • | |
| *Coniopteris hymenophylloides* | | | • | | • | • | | • | • | • | | • | | • | • | • | • | • | | • | • | • | • | • | • | • |
| *Coniopteris angustiloba* | | | | | | | | | | | | | | | | | | | | • | | | | | | • |
| *Coniopteris al. sp.* | | | • | | •••• | •••• | • | ••••• | • | | | | | • | | • | • | | | 7 | ••• | •• | •• | •••• | •• | •• |
| *Cladophlebis denticulata* | | | • | | • | | | • | | | | • | | • | • | • | • | • | | • | • | | • | • | • | • |
| *Cladophlebis haiburnensis* | | | | | • | | | • | | | | | | | | | | | | • | • | • | | • | • | |
| *Cladophlebis australis* | | | | | | | | | | | | | | | | | | | | | | | | | | |
| *Cladophlebis al. sp.* | | | | | • | • | | • | | | | | | ••• | •••• | • | ••• | •• | • | 8 | 6 | 6 | •• | • | •• | ••• |
| *Clathropteris al. sp.* | | | | | • | | | • | | | | | | | | • | | | | | | | • | | | |
| *Hausmannia sp.* | | | | | • | | | • | • | | • | | | | | | | • | | • | | | • | | | • |
| *Dictyophyllum rugosum* | | | | | • | • | | • | | | | • | | • | | | (•) | | | | | • | | | | |
| *Dictyophyllum al. sp.* | | | • | | | | | • | •? | | • | | | | | • | | | | | • | • | | | | |
| *Thaumatopteris remauryi* | | | | | | | | | | | | | | | | • | | • | | | | | | | • | |
| *Thaumatopteris al. sp.* | | | | | | | | | | | • | | | | | | • | | | | | | | | | |
| *Phlebopteris polypodioides* | | | | | | • | | • | | | | • | | • | | | | | | | | | | | | |
| *Phlebopteris al. sp.* | | | | • | •• | • | • | •• | | | | | | • | • | | | | | | | • | | | | •• |
| *Williamsonia sp.* | | | | | •••• | | | | | | | •• | • | | | • | | | | | | | | | | |
| *Ptilophyllum acutifolium* | | | | | | | | | | | | | | | | • | • | • | • | • | • | | • | • | | |
| *Ptilophyllum pecten* | | | | | • | | | | | | | • | | • | • | | | | • | | | | | | | |
| *Ptilophyllum al. sp.* | | | | | | • | | • | | | | | ••• | | | • | • | | •• | ••• | • | | •• | • | | • |
| *Anomozamites minor* | | | | | | | | | | | | | | | | • | | | | • | | | • | • | | • |
| *Anomozamites lindleyanus* | | | | | | | | | | | | | | | | | | | | • | | | | | | |
| *Anomozamites al. sp.* | | | | | • | | | • | | | | | | | | | | | | | | | • | | | |
| *Otozamites sp.* | | | •? | 11 | •••• | • | | ••••• | | | ••••• | • | | •• | •••• | •• | ••••• | | • | | | | | | | • |
| *Pterophyllum sp.* | | • | • | | | | | | | | | | • | | • | •• | ••• | •• | | •••• | | | | ••• | • | •• |
| *Taeniopteris vittata* | | | | | | | | | | | | • | | | • | (•) | | • | | • | | | • | • | | |
| *Taeniopteris spathulata* | | | | | | | | | | | | | | | | | | | | | | | | | | |
| *Ctenis sp.* | | (•) | | | ••• | •••• | •• | 6 | • | | | | | • | •• | • | • | • | | •••• | | • | | | | |
| *Taeniopteris al. sp.* | | | | | | | | | | | | | | | | | • | | • | ••• | | • | • | | • | |
| *Nilssonia polymorpha* | | | | | | | | | | | | | | | | | | • | | | | | | | | |
| *Nilssonia orientalis* | | | | | • | | | | | | | | | | • | | | | | • | • | | • | • | • | |
| *Nilssonia al. sp* | | • | | | 7 | •••• | •• | 9 | ••• | | • | • | • | •• | ••••• | 8 | ••• | •••• | ••• | 10 | •••• | ••• | •• | ••••• | •• | 6 |
| *Sagenopteris phillipsi* | | | | | • | • | | • | | | • | | | • | • | • | (•) | • | • | | | | | • | | • |
| *Sagenopteris al. sp* | | | | | • | • | | • | • | | • | • | • | | | | | | • | | | | | | | • |
| *Pachypteris sp.* | | | | | •• | • | • | •• | | | | | | | | • | | | | | | | | | | |
| *Thinnfeldia rhomboidalis* | | | | | | | | | | | | | | | • | • | • | | | | | | | • | | |
| *Thinnfeldia al. sp.* | | | | | | | | | | | | | | | | •• | • | | | • | | | | | | |
| *Dicroidium sp.* | | | | | | | | | | | | | | | | | | | | | | | | | | |
| *Brachyphyllum mamillare* | | | | (•) | | | | | | | | • | | • | | | | | | | | | | | | |
| *Brachyphyllum al. sp.* | • | | | | | | | | | | | • | • | | • | | • | | | •• | | | | | | |
| *Pagiophyllum sp.* | | | | | | | | | | | •••• | • | • | | • | • | •• | | | • | | • | • | | | |
| *Pityophyllum nordenskiöldi* | • | | | | | | | | | | | | • | | | (•) | | | | • | | • | • | • | • | • |
| *Pityophyllum al. sp.* | (•) | | | | | | | | | • | | | • | | • | | | • | | • | | • | | | • | |
| *Podozamites lanceolatus* | | | | | | | | | | | (•) | | | | • | • | • | • | | • | • | • | | • | • | • |
| *Podozamites angustifolius* | | | | | | | | | | | | | | | | • | | | | • | | | | • | | |
| *Podozamites al. sp.* | | | | | | | | | • | | • | | | | • | | | | | | •• | | | • | | |
| *Ginkgoites digitata* | | | • | | • | | | | | | • | | | | • | • | | | | • | | | • | | | |
| *Ginkgoites sibirica* | | | | | | | | | | | | | | | | | (•) | | | | | | | • | | |
| *Ginkgoites al. sp.* | | • | | | | | | | • | • | • | | | • | • | | • | | • | ••••• | • | | | • | • | |
| *Baiera gracilis* | | | | | • | | • | • | | • | | | | | | | | | | • | | | | | | |
| *Baiera al. sp.* | • | | | | • | • | | • | | | | • | | | | • | | | | •• | | • | | | | |
| *Czekanowskia rigida* | | | | | | | | | | | | | | | • | • | • | | | • | • | • | | | • | • |
| *Czekanowskia al. sp.* | | | • | | • | | | | | | | • | | | | | | | | • | | | | | | |
| *Phoenicopsis angustifolia* | • | | | | | | | | | | | | | | | | | • | | • | • | | • | • | • | |
| *Phoenicopsis al. sp.* | • | | | | | | | | | | | | • | | | | | | | •• | • | • | | | | |

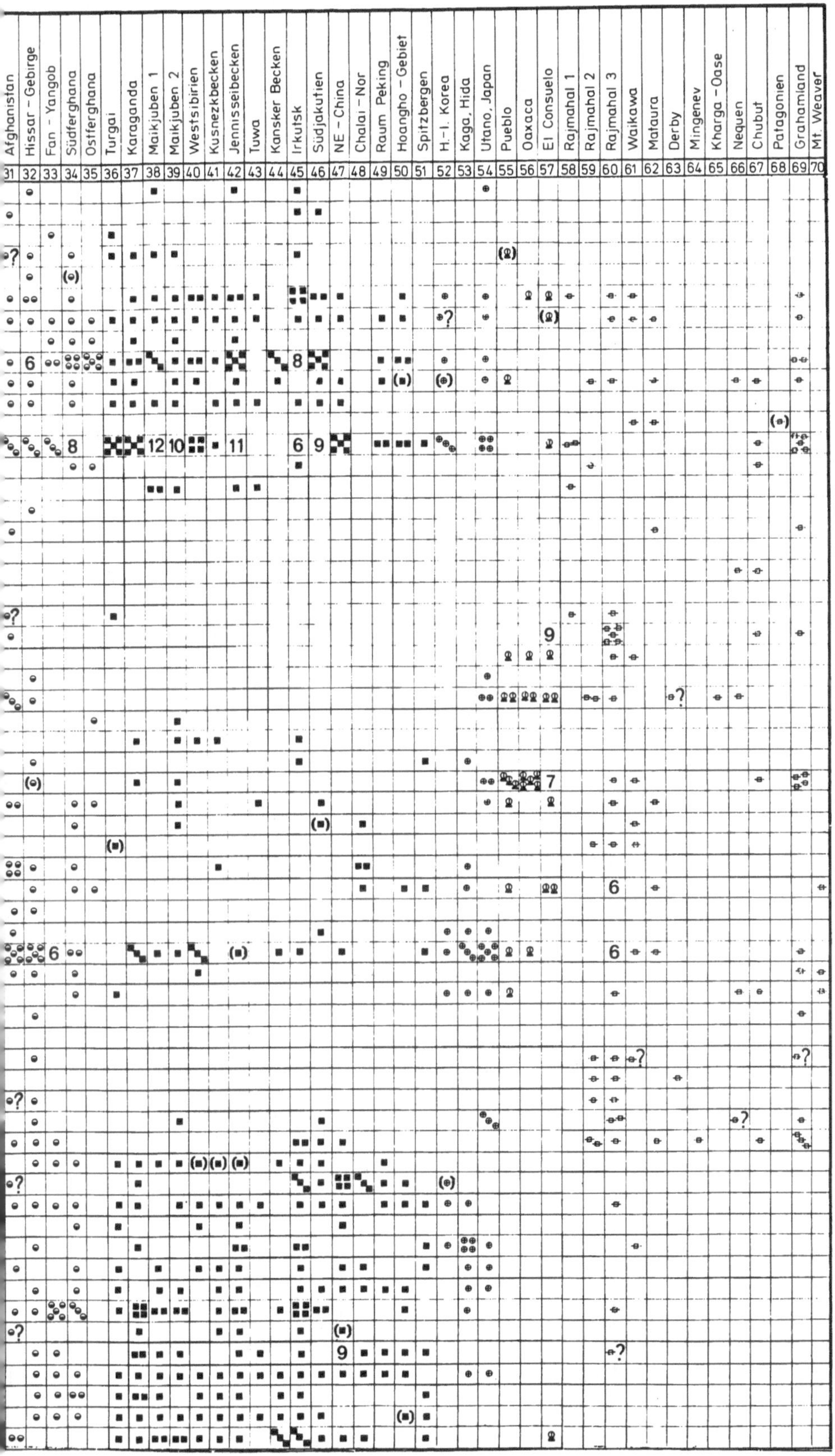

31 Afghanistan
32 Hissar - Gebirge
33 Fan - Yangob
34 Südferghana
35 Ostferghana
36 Turgai
37 Karaganda
38 Maikjuben 1
39 Maikjuben 2
40 Westsibirien
41 Kusnezkbecken
42 Jennisseibecken
43 Tuwa
44 Kansker Becken
45 Irkutsk
46 Südjakutien
47 NE - China
48 Chalai - Nor
49 Raum Peking
50 Hoangho - Gebiet
51 Spitzbergen
52 H.-I. Korea
53 Kaga, Hida
54 Utano, Japan
55 Pueblo
56 Oaxaca
57 El Consuelo
58 Rajmahal 1
59 Rajmahal 2
60 Rajmahal 3
61 Waikawa
62 Mataura
63 Derby
64 Mingenev
65 Kharga - Oase
66 Nequen
67 Chubut
68 Patagonien
69 Grahamland
70 Mt. Weaver

Tab. 3. Übersichtsliste der Pflanzenverbreitung im Malm

| Pflanzen \ Fundorte | Sutherland 1 | Schonen 2 | Bornholm 3 | Lerida Kim. 4 | Bugey 5 | Cote d'Or 6 | Lucey 7 | Frankreich, ges. 8 | Indre 9 | Boulogne s.M. 10 | Lerida P. 11 | BRD 12 | Andö 13 | Karatau 14 | NE-China 15 | Pin-chiang 16 |
|---|---|---|---|---|---|---|---|---|---|---|---|---|---|---|---|---|
| *Bryophyta* | | | | | | | | | | | | | | ● | | |
| *Equisetites ferganensis* | | | | | | | | | | | | | | ● | | |
| *Equisetites al. sp.* | | | | | | | ● | | | | | | | | | |
| *Coniopteris hymenophylliodes* | ● | ● | | | | | | | | | | | | ● | ● | |
| *Coniopteris burejensis* | | | | | | | | | | | | | | ● | | |
| *Coniopteris al. sp.* | ● | | | | ●? | | ● | ● | | | | | | ● | | |
| *Cladophlebis denticulata* | ● | | | | | | | | | | | | | ● | | |
| *Cladophlebis haiburnensis* | (●) | | | | | | | | | | | | | | | |
| *Cladophlebis aldanensis* | | | | | | | | | | | | | | | | |
| *Cladophlebis australis* | | | | | | | | | | | | | | | | |
| *Cladophlebis al. sp.* | ●● | ●●●● | ● | | | | | 7 | | | | ● | ● | ● | | ● |
| *Hausmannia sp.* | ●●● | | ● | | | | | | | | | | | | | |
| *Onychiopsis sp.* | | ● | | | | | | | | | | | | | | ● |
| *Phlebopteris sp.* | ● | | | | | | | | | | | | | | | |
| *Raphaelia sp.* | | | | | | | | | | | | | | | | |
| *Gleichenia sp.* | | | | | | | | | | | | | | | | |
| *Gleichenites sp.* | ●● | | ● | | | | | | | | | | | | | |
| *Williamsonia sp.* | ●? | | | | | ● | | ●●●● | | ● | | | | ● | | |
| *Ptilophyllum acutifolium* | | | | | | | | | | | | | | ● | | |
| *Ptilophyllum pecten* | ● | | | | | | | | | | | | | | ● | |
| *Ptilophyllum al. sp.* | | | | | | | | | | | | | | ● | | |
| *Anomozamites sp.* | | | | | ● | | | | | | | | | | | |
| *Otozamites sp.* | ●● | | | | | | | | | | | | | ●●●●● | | |
| *Pterophyllum sp.* | ● | | ● | | | | | | | | | | | ● | | ● |
| *Taeniopteris vittata* | | | | | | | | | | | | | | | | |
| *Heilungia sp.* | | | | | | | | | | | | | | | | |
| *Taeniopteris spathulata* | | | | | | | | | | | | | | | | |
| *Ctenis sp.* | | | | | | | | | | | | | | | | |
| *Taeniopteris al. sp.* | ● | | ●● | | | | | | | | | | ● | | | ● |
| *Nilssonia polymorpha* | | | | | | | | | | | | | | | | |
| *Nilssonia orientalis* | ● | | | | | | | | | | | | | | | |
| *Nilssonia schaumburgensis* | | ● | | | | | | | | | | | | | | |
| *Nilssonia al. sp.* | ●●● | ●● | | | | | | | | | | | | ● | ● | ● |
| *Sagenopteris phillipsi* | ● | | | | | | | | | | | | | | | |
| *Sagenopteris al. sp.* | | | ● | | | | | | | | | | | | | |
| *Pachypteris sp.* | | | | | ● | | | | | | | | | | | |
| *Tinnfeldia sp.* | ●●●● | | ● | | | | | ● | | | | | | | | |
| *Dicroidium sp.* | | | | | | | | | | | | | | | | |
| *Brachyphyllum mamillare* | | | ● | | | | | | | | | | | ● | | |
| *Brachyphyllum al. sp.* | ● | | | ● | | | ● | 7 | ● | | | ● | | ●●● | | |
| *Pagiophyllum sp* | | | ●● | ● | | ● | | ●●●●● | | | | ● | | ●●● | ● | |
| *Elatocladus sp.* | | ● | | | | | | | | | | | ● | ● | | |
| *Araucarites sp.* | ●● | | | | | | | ●●●● | | | | ●? | | ● | | |
| *Athrotaxis sp.* | | | | | | | | | | | | | | | | |
| *Sciadopitytes sp.* | | | | | | | | | | | ● | | ●● | | | |
| *Palaeocyparis sp.* | | | | ●● | ● | | | 6 | | | | ●●●● | | | | |
| *Pityophyllum nordenskiöldi* | | | | | | | | | | | | | | | | ● |
| *Pityophyllum al. sp.* | | ●● | | ● | | | | | | | | | | ● | | ●● |
| *Podozamites lanceolatus* | | | ● | | | | | | | | | | | ● | ● | ● |
| *Podozamites angustifolius* | | | | | | | | | | | | | | ● | | |
| *Podozamites al. sp.* | | | | ● | | | | ●● | | | | ●? | | | | ● |
| *Ginkgoites digitata* | ● | | ● | | | | | | | | | | | | | |
| *Ginkgoites sibirica* | ● | ● | | | | | | | | | | | | ● | | |
| *Ginkgoites al. sp* | | ● | | | | | | | | | | ●? | | | | |
| *Baiera gracilis* | | ● | | | | | | | | | | | | | | |
| *Baiera al. sp.* | ●● | ● | ● | | | | | | | | | ● | | ● | | |
| *Czekanowskia rigida* | | | | | | | | | | | | | | | | |
| *Czekanowskia al. sp.* | ● | | | | | | | | | | | | | ● | | |
| *Phoenicopsis angustifolia* | | | | | | | | | | | | | | ● | | |
| *Phoenicopsis al. sp.* | ● | | | | | | | | | | | | | | | |

statt *Tinnfeldia* sp. lies *Thinnfeldia* sp.

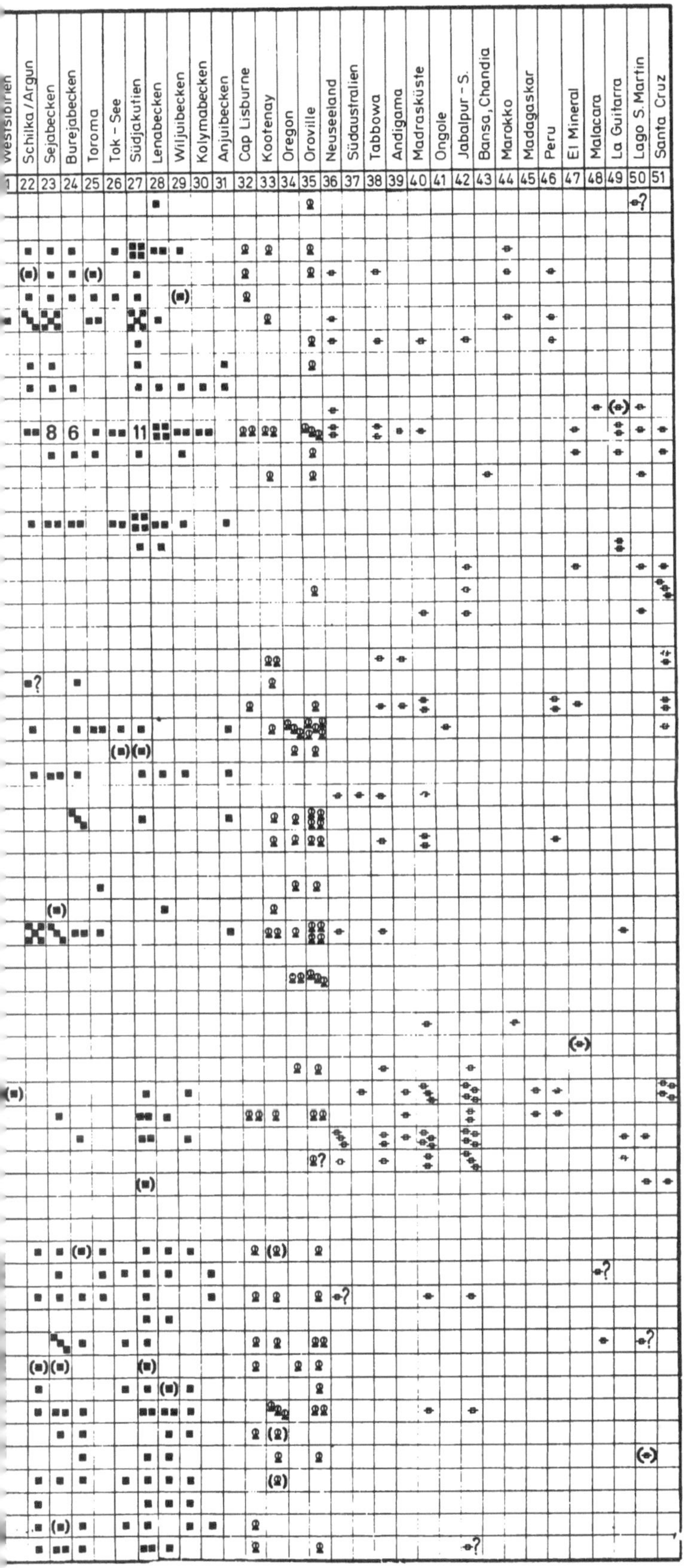
Westsibirien
22 Schilka/Argun
23 Sejabecken
24 Burejabecken
25 Toroma
26 Tok - See
27 Südjakutien
28 Lenabecken
29 Wiljuibecken
30 Kolymabecken
31 Anjuibecken
32 Cap Lisburne
33 Kootenay
34 Oregon
35 Oroville
36 Neuseeland
37 Südaustralien
38 Tabbowa
39 Andigama
40 Madrasküste
41 Ongole
42 Jabalpur - S.
43 Bansa, Chandia
44 Marokko
45 Madagaskar
46 Peru
47 El Mineral
48 Malacara
49 La Guitarra
50 Lago S. Martin
51 Santa Cruz
8
6
11

Kolibri 360 GmbH
Ferdinand-Jühlke-Straße 7
99095 Erfurt, Deutschland
produktsicherheit@kolibri360.de